Wilfried B. Rumpf

Visionen der Welt von morgen

Sieht so unsere Zukunft aus?

D1667719

Wilfried B. Rumpf

Visionen der Welt von morgen

Sieht so unsere Zukunft aus?

Mit Illustrationen von Michael Böhme

LiteraturWELTEN Band 44

Bibliografische Information der Deutschen Nationalbibliothek
Die Deutsche Nationalbibliothek verzeichnet diese Publikation in der
Deutschen Nationalbibliografie; detaillierte bibliografische Daten sind
im Internet über http://dnb.d-nb.de abrufbar.

1. Auflage 2022
© Copyright beim Autor
Alle Rechte vorbehalten
Herstellung: TRIGA – Der Verlag UG (haftungsbeschränkt),
GF: Christina Schmitt
Leipziger Straße 2, 63571 Gelnhausen-Roth
www.triga-der-verlag.de, E-Mail: triga@triga-der-verlag.de
Coverabbildung und Illustrationen: © Michael Böhme
Karikatur S. 105: Klaus Stuttmann
Druck: Books on Demand GmbH, Norderstedt
Printed in Germany
ISBN 978-3-95828-293-3

Inhalt

Hinführung zur Science-Fiction

Frank Schätzing, geb. 1957, deutscher Schriftsteller und SF-Autor, erhielt für seinen Roman »Der Schwarm« 2005 den Kurd-Laßwitz-Preis als bester deutscher SF-Roman. In einem Interview in der ZEIT vom 27.5.2021 meint er: »Die meisten Menschen haben einfach keine Vorstellung davon, was es heißt, in einer zwei Grad wärmeren Welt zu leben.« Zur Bewältigung des Klimawandels merkt er an: »Dazu braucht es mehr Hightech, mehr *Star Trek* mehr Science-Fiction.«

Und G. Heller meint in einem Kommentar in der Rhein-Neckar-Zeitung vom 19.5.2021: »… offenbar findet man hierzulande nicht den Schlüssel zur Zukunft.«

K. St. Robinson, einer der besten und bedeutendsten SF-Autoren unserer Zeit, versucht in »New York 2140« den Menschen eine Vorstellung vom Klimawandel zu geben, indem er am Beispiel von New York die Folgen einer dramatischen Erhöhung des Meeresspiegels schildert. (Ob die Überschwemmungs-Katastrophe des Ahrtales den Menschen die Augen öffnet?)

Warum beschäftigt sich die »Literaturhaus-Literatur« (D. Dath, FAZ) nicht mit den Problemen der heutigen Zeit: z. B. technischer Fortschritt, Digitalisierung, Robotisierung, künstliche Intelligenz, Transhumanismus, Klimawandel, Umgang und Ausrottung von Tierarten, Zerstörung unseres Erdballs? Wir leben in einer Zeit der Globalisierung, der ganze Planet Erde liegt vor uns, wir können ihn zerstören, wir können in immer stärkerem Maße unsere Zukunft gestalten, wir können unsere menschliche Natur ändern. Von der ISS aus sehen wir unseren ganzen wunderbaren, verwundbaren blauen Planeten vor uns, keine Länder, keine Religionen, keine Nationen, nur »Terraner«, wie die Bewohner unseres Planeten in der SF häufig genannt werden. Wir müssen uns Gedanken machen nicht nur über das Schicksal einzelner Menschen, sondern unserer ganzen Gattung, und die SF nimmt sich dieser Gedanken an. So bereiten Wissenschaft und Technik, begleitet von der SF in Literatur und Film, sich darauf vor, dass der Mars vielleicht einmal von uns besiedelt werden könnte und unser Überleben als Gattung ermöglichen müsste. Es ist gerade die SF, die eine globalisierte Techno-Kultur in den Blick nimmt und auf eine von Technik und Wissenschaft gestaltete Zukunft vorbereitet.

Und die Literatur verharrt in ihrem Literaturhaus, schreibt unverdrossen weiter über Individuen und Charaktere mit ihren immer gleichen individualistischen, psychischen und sozialen Problemen, meist Alltagsproblemen, und wagt nicht den Schritt in die große Welt. Sie flieht vor der modernen Welt, und viele Kritiker meinen, sie neige immer stärker zum Eskapismus. Die SF genießt bei uns keinen guten Ruf, sie ist in ihrer literarisch hochwertigen Form (»Star Wars« ist ein populärer Grenzgänger zwischen SF und Fantasy) so gut wie unbekannt und wird nicht gewürdigt. Das zeigt sich in den Feuilletons und auch in literarischen Sendungen wie dem Literarischen Quartett. Im Gegensatz dazu nimmt z. B. der britische Oxford-Verlag die SF ernst und veröffentlicht in großem Umfang entsprechende Primär- und Sekundär-Literatur. Und natürlich beschäftigen sich auch die Universitäten mit der SF.

In letzter Zeit wagen sich vereinzelt Literaturhaus-Autoren an moderne Themen, wie z. B. Ian McEwan mit seinem Roman »Maschinen wie ich«, der eine Beziehung zwischen einem humanoiden, männlichen Roboter und einem jungen, arbeitslosen Lebenskünstler schildert. Dafür erhielt er in einer deutschen Wochenzeitung eine recht positive Kritik, deren letzter Satz aber (aus dem Gedächtnis zitiert) lautete: »Aber ist es Literatur?« Der gerade angelaufene Film »Ich bin dein Mensch«, der dieses Thema auch behandelt, ist für einen Oscar vorgeschlagen.

Im Übrigen hat schon 1946 eine SF-Kurzgeschichte in den USA sich ausgemalt, dass Computer einmal nach Macht streben könnten, und in den Siebzigerjahren behandelten ökologische SF-Geschichten (auch in den USA) u. a. das Thema »Wirtschaft und Umwelt« und enthalten Dialoge, die aus unseren Tagen stammen könnten! Haben SF-Autoren den Einblick und Überblick und denken weiter? Die SF ist eine wesentliche, wichtige Ergänzung zur Literaturhaus-Literatur.

Der Sternenschöpfer

Hommage für Olaf Stapledon (Autor von »The Star Maker«)

Ich sitze auf der Terrasse der Strahlenburg in Schriesheim
Ich schaue hinab auf das Städtchen
Die Menschen sind so klein
Sie gehen in ihrem Alltag auf und ihren Geschäften nach
Manche eilen, manche schlendern, manche stehen
Manche allein, manche in Gruppen
Sie schauen meistens nicht weit nach vorne
Sie schauen zur Seite oder nach hinten, selten nach oben
Ein Kind winkt, winkt es mir zu
Mein Blick löst sich von der Stadt, richtet sich nach oben
Mein Geist folgt ihm, wird zum Wanderer durch Raum und Zeit
Er sieht das ganze Land von oben
Er sieht seine Menschen, seine Geschichte
Generationen kommen und vergehen
Menschen kommen und vergehen
Familien kommen und vergehen
Mein Geist schaut von der Raumstation ISS herab auf unseren
blauen Planeten
Unsere Heimat im All
Unsere Insel im Meer des Alls
Wie schön die Erde strahlt im Licht der Sonne, ein Juwel im
Kosmos
Warum betreiben die Menschen Raubbau mit ihm, mit seinen
Meeren und Kontinenten

Mein Geist steigt und blickt auf Schwester Sonne und den guten
stillen Mond
Die Planeten, kraftvoll, schön und kostbar
Da ist der heiße Merkur, die verschleierte Venus, der lockende
rote Mars
Die Asteroiden in ewigem Tanz um die Sonne
Auf dem Olymp des Himmels der gewaltige Jupiter, der über
seine Mondesschar herrscht
In bezaubernder Pracht Saturn, der Herr der Ringe
Die eisigen sonnen-ärmsten äußeren Planeten, für die die Sonne
nur ein kleiner Fleck ist
Die Felsbrocken des Kuiper-Gürtels, der den ganzen Leib des
Sonnensystems zusammenhält
Mein Geist begibt sich auf eine Reise in die unermesslichen
Weiten des Universums
Er blickt auf die flache, vierarmige Milchstraße, sie war einmal
der Göttermutter Überfluss
Unsere galaktische Heimat hält uns fest und sicher in ihrem
Spiralarm
Für Abermilliarden von Sternen ist sie Heimat
Myriaden von belebten und bewohnten Planeten sehe ich
Bevölkert von Wesen der verschiedensten Art
Hervorgebracht von der Allmutter Natur
Geteilt in Geister, die stets verneinen, und solche die stets vereinen
Große Zivilisationen entstehen, bilden Reiche, vergehen
Manche haben sich selbst zerstört oder sind in Kriegen
untergegangen
Manch strahlende Zivilisation löschte ein anderer Himmels-
körper aus
Manch ein Stern hat als Supernova viele Zivilisationen vernichtet
und Firmamente erhellt
Und ist als Fingerzeig eines Gottes gedeutet worden

Was sucht mein Geist, auf welche Fragen sucht er Antwort
Welchen Sinn hat der Kosmos, woher kommt er, wohin geht er
Ich sehe unzählige Galaxien
Rasend schnell streben sie voneinander fort
Wo streben sie hin
Ich sehe, wie die Sterne langsam verlöschen
Der Wärmetod des Universums, die Entropie, breitet sich aus
Das Universum, einst voller Licht und unhörbarem Lärm,
wird dunkel, stumm und kalt

Da scheint ein heller Fleck auf, er wächst und nimmt eine Form an
Ich erblicke ein Kind
Es spielt mit Bausteinen, es baut zusammen, es zerstört, zerstreut,
schmeißt herum
Es baut neu, immer wieder anders, baut Kosmos und Chaos
Das Gesicht des Kindes wird größer
Es schaut mich an, es blinzelt mir zu, es versteht mich, lächelt fein
Ich blinzle zurück, ich verstehe es
Das Kind wird wachsen

Das Bild löst sich auf, die Dunkelheit kehrt zurück
Ich schließe die Augen, ich öffne die Augen
Ich sitze wieder auf der Terrasse der Strahlenburg von Schriesheim
Bin ich der Mittelpunkt des Universums, ist jetzt die Ewigkeit?

Galaxie nach dem Sternenschöpfer

Das Märchen von Gaia

Es war einmal ein Planet, der, den kosmischen Gesetzen gehorchend, seine ewige Bahn um sein Muttergestirn zog.

Gaia, so hieß der Planet, war das dritte von acht Geschwistern, die es ihr gleichtaten, und sie war die Schönste. Sie war umgeben von einer Luftschicht, die sie vor den Strahlen der Sonne schützte. Ihre Oberfläche bestand aus Wasser und Land. Sie war farbenprächtig, und ein mannigfaltiges Leben hatte sich auf ihr angesiedelt. Ihr Himmel war blau, ihre Meere blau-grün, ihr Land braun und gelb und grün. Sie war Heimstatt für bunte Pflanzen aller Art und verschiedenartigste Tiere.

Gaia spürte das krabbelnde, wuselnde Leben auf ihrer Oberfläche und kreiste wohlgemut um ihre Mutter, die Wärme spendende Sonne. Gaia hatte ein Kind bei sich, die kleine Luna.

Eines Tages verspürte sie eine neue Art von Leben, von Bewegung auf ihrer Oberfläche. Es war ein überaus aktives, lärmendes Leben und breitete sich auf ihrer ganzen Oberfläche aus.

Viele, viele kleine geschäftige Wesen machten sich auf ihr zu schaffen. Sie bebauten und bearbeiteten ihre Haut, schabten, kratzten und bohrten Löcher hinein, entfernten große Teile aus ihr und schufen die verschiedenartigsten Dinge aus ihnen. Sie benutzten künstliche Dinge, um sich fortzubewegen, in ihrer Luft, auf ihrer Haut, in ihrem Wasser.

Diese kleinen Wesen nannten sich »Menschen«. Sie machten mit Gaia, was sie wollten, sie taten ihr immer mehr weh und beuteten sie aus. Selten nur veränderten sie ihre Haut, ohne sie zu verletzen; das nannten die Menschen »kultivieren«. Gaia erkrankte. Sie versuchte, sich zu wehren, sie öffnete Poren in ihrer Haut, um Feuer zu speien, sie jagte riesige Wellen auf das Land, sie schüttelte sich und ließ das Land erbeben, sie setzte sich der sengenden Sonne aus oder ließ Sturzbäche aus den Wolken rauschen. Es half nicht.

In ihrer Not wandte Gaia sich an den kosmischen Heiler Galax. Dieser kam und nahm einige Zeit Quartier auf Luna, um Gaias Krankheit zu studieren. Er teilte ihr seine Diagnose mit:

»Ja, du bist von einem Bazillus namens Mensch befallen. An einigen Orten in der Galaxis habe ich ähnliche Befunde gefunden. Diesem Bazillus ist schwer beizukommen.«

»Ich habe aber doch schon so viel unternommen, um ihn zu bekämpfen. Ist das denn aussichtslos?«

»Das ist schwer zu sagen. Du kannst weiter so handeln und hoffen, dass dieser Bazillus dich nicht vernichtet. Er kommt ja manchmal weniger schlimm daher. Du kannst versuchen, dich mit ihm zu arrangieren, also in Symbiose mit ihm zu leben, vielleicht merkt er ja, dass er nicht leben kann, wenn du nicht mehr lebst. Ansonsten sehe ich nur die Radikalkur eines riesigen Meteors!«

»Das hört sich ja schrecklich an! Was würde der denn bewirken?«

»Er würde dir eine große Wunde schlagen und den größten Teil allen Lebens auf dir vernichten. Du müsstest lange warten, bis deine Wunde verheilt ist. Dann könntest du von vorne anfangen, Leben hervorzubringen. Aber du lebst ja schon lange und du wirst noch lange leben. Ich würde in diesem Fall in ein paar Äonen wieder nach dir schauen.«

»Danke, Galax, für deine Analyse. Ich glaube, ich werde noch etwas zuwarten und dann eine Entscheidung fällen. Vielleicht klappt es ja mit der Symbiose, der Vorschlag gefällt mir ganz gut. Ich gebe dem Menschen also noch eine Chance!«

1966

»Hallo, ist da jemand?«

Er schreckte zusammen, als er diese laute Stimme vernahm. War das nicht eine Frauenstimme? Und das hier auf der Herrentoilette! »Hallo, ist da jemand?«, erklang die Stimme noch einmal. Sie war nicht lauter geworden, also war die Frau nicht näher gekommen, aber Wolfgang lauschte, ob er Schritte vernehmen konnte. Er hörte keine, die Frau wagte sich wohl nicht weiter in den Bereich der Herrentoilette des Studentenwohnheims hinein. Wolfgang hatte nicht damit gerechnet, dass auch hier kontrolliert wurde, ob das Besuchsverbot nach 22 Uhr eingehalten wurde.

Er hatte seine Freundin besucht, sie hatte das Glück gehabt, in diesem modernen Wohnheim ein Zimmer zu bekommen. Es war ein hohes zehngeschossiges Gebäude, jeweils ein Geschoss für Männer, eines für Frauen, mit einem großen Küchenbereich und einem großen Toilettenbereich auf jedem Flur.

Sie hatten den Einzug in das Zimmer ein wenig mit Rotwein gefeiert, die moderne Einrichtung bestaunt – das Zimmer hatte ein eigenes Waschbecken mit fließendem kaltem und warmem Wasser, einen Schrank, einen Schreibtisch, ein hohes Regal, zwei Stühle, einen einfachen Linoleumboden und bot einen weiten Blick über die Stadt.

Endlich war er ihr etwas näher gekommen, der brünetten Pädagogikstudentin mit den sanften grünen Augen und den ausgeprägten süßen Kusslippen, von denen er nicht genug bekommen konnte. Er fand, sie passte gut zu einem Lehramtsstudenten.

Valerie hatte von ihrer Mutter gut kochen gelernt, kochte gerne und hatte Wolfgang eine leckere Kostprobe ihres Könnens vorgesetzt: Spaghetti mit Pilzen und einer würzigen Soße. Dazu passte natürlich ein italienischer Rotwein: Chianti, den liebten sie beide sehr, und er begleitete sie weit in den Abend hinein.

Nach dem Essen ging ihre anregende Unterhaltung entspannt auf ihrem Bett weiter. Sie hatten sich viel zu erzählen und tauschten sich ausgiebig aus. Wolfgang machte es sich etwas gemütlicher und zog sein Jackett aus, mehr wagte er nicht, und mehr hätte Valerie ihm auch nicht gestattet. Die sexuelle Revolution war für sie mehr eine abstrakte, theoretische Angelegenheit, auch wenn sie im überfüllten großen Hörsaal der Neuen Universität die Masse der Studenten hatten brüllen hören »Wir wollen nackte Frauen sehen!«, wobei entsprechende Fotos an die Wand projiziert wurden.

Die warme körperliche Nähe dämpfte ihre Stimmen. Und als Valerie ihm liebevoll vorsichtig seine Brille abnahm und ihn mit den Worten »Na, Herr Doktor?« neckte, lenkte sie ihrer beider Gedanken auf naheliegende Themen. Je leiser ihre Stimmen wurden, desto reger wurde der Forscherdrang ihrer Hände. Dem gaben sie freien Lauf. Sie ließen sich zärtlich aufeinander ein und genossen die ungewohnte, neu entdeckte Intimität. Wolfgang spürte die wachsende Stärke erregter Sexualität und drückte sich immer fester an Valerie. Sie hatte die Beine leicht geöffnet, hielt ihn aber mit beiden Händen so fest, dass er sich nicht mehr bewegen konnte.

»Bärlein«, flüsterte sie ihm ins Ohr und hauchte einen Kuss auf seine Nase, »du weißt doch, ›the real thing‹ erst, wenn wir vielleicht einmal verheiratet sind.«

Ihre Stimme holte ihn zurück in die Realität.

»Ich weiß«, ächzte er und rollte sich auf den Rücken, »aber das ist so schwer!«

»Das weiß ich doch!« Sie streichelte seinen Kopf und seine Wangen. »Du meine Güte!«, entfuhr es ihr plötzlich.

»Was ist denn?« Er kam erst langsam wieder zu sich.

»Schau mal auf die Uhr! Es ist halb zwölf! Was machen wir denn jetzt? Die Besuchszeit ist längst vorbei. Wir haben wohl um zehn Uhr das Klopfen und das laute ›Die Besuchszeit ist um!‹ nicht gehört.« Da sie beide studienhalber von Rempleins ›Rein bleiben und Reif werden‹ gelesen hatten, nahm Wolfgang seinen Humor zu Hilfe und meinte etwas bissig:»Ich sublimiere meinen Trieb halt mal in psychologische Stärke und sage ›Ich bleib die ganze Nacht bei dir‹. Ab acht Uhr morgen früh darfst du ja wieder Besuch haben. Was meinst du?«

»Ich denke, so müssen wir es machen. Aber wir müssen ganz ruhig sein und richtig schlafen! Hörst du!«

Sie schliefen ein. Er wurde bald unruhig. Sie bekam das mit und murmelte:»Was ist denn los?«

»Meine Blase, ich muss mal, dringend!«

»Wenn du's bis morgen früh nicht halten kannst, musst du halt gehen!«

»Ja, ich werde auf Strümpfen schleichen, jetzt um drei dürfte es nicht mehr gefährlich sein.«

»Sei vorsichtig! Wenn man dich erwischt, schmeißen sie mich umgehend raus. Dann ist meine Miete weg und ich steh auf der Straße, du weißt, wie schwierig es ist, ein Zimmer zu finden!«

»Ja, ja, das wird schon klappen!«

In der Herrentoilette bewegte sich Wolfgang nicht und atmete kaum, als er die Stimme gehört hatte. Also wurde doch auch nach 22 Uhr noch kontrolliert! Ob jemand etwas gehört hatte? Oder ihn sogar erblickt?

Er lauschte noch einige Augenblicke lang, bis er schlurfende Schritte vernahm, die sich langsam entfernten. Er seufzte leise und erleichtert und schlich dann zu Valerie zurück.

Als sie sich aufgeregt aneinanderkuschelten, brummte Wolfgang: »So eine entsetzliche Prüderie! Hoffentlich setzt sich die sexuelle Revolution durch. Ob wir in 100 Jahren immer noch so körperfeindlich sind?« Von ihr war nur ein zustimmendes leises Grunzen zu hören, dann fielen sie in einen leichten Schlaf.

2066

Irgendwie hatte ich mir das anders vorgestellt.

Ich liebte meine Freundin, ja, und sie liebte mich. Aber in körperlicher Hinsicht harmonierten wir nicht so, wie ich mir das gewünscht hätte. In Sachen Sexualität herrschten Freiheit und Sicherheit. Es gab keine Tabus mehr, und der medizinische Fortschritt hatte die Verhütung zu jedem Zeitpunkt innerhalb des rechtlichen Rahmens möglich gemacht. Es gab auch Pillen, die Lust und Können steigerten, und sogar virtuelle Sexualität und Sexroboter.

Ich fand das alles wunderbar und wusste es besonders zu schätzen, da ich als Historiker mich auch mit der Entwicklung der Sexualmoral beschäftigt hatte. Und wenn ich dann erfahren musste, wie die gelebte Sexualität vor 100 Jahren ausgesehen hatte, dann war ich doch froh, in unserer fortschrittlichen Zeit zu leben.

Ich hatte einen starken Sexualtrieb und liebte meine Sexualität und wollte sie so richtig ausleben. Aber meine Freundin Christina! Sie bremste. Sie gehörte zu den Anhängern einer wachsenden Bewegung, die sich »Natürliche Natur« nannte und die Natur – insbesondere die menschliche – frei von jedweder Beeinflussung und Manipulation leben wollte.

Aber es gab keine Mittel, die ethische Voreingenommenheiten, konservative, moralische Einstellungen zurechtrücken könnten. Wir sprachen oft über unsere unterschiedlichen Vorstellungen und hofften, uns irgendwie einigen zu können. Trennen wollten wir uns nicht, dazu liebten wir uns zu sehr. Die Kraft, die uns verband, war zu stark. Ich konnte mich nicht sattsehen an ihr. Ihre schlanke, sportliche Gestalt, ihr offenes, ovales Gesicht, ihre kesse Nase, ihre

Kusslippen, ihre hellblauen Augen gefielen mir und faszinierten mich. Wenn sie mich anlächelte, wurde ich schwach. Sie stand der Zeit, in der wir lebten, kritischer gegenüber als ich. So färbte sie ihre schulterlangen Haare immer nur in ihrer Lieblingsfarbe grün, obwohl sie sie auf Knopfdruck täglich hätte ändern können – auch hierin war sie konservativ. Das Muster ihrer Fingernägel wechselte sie täglich, es zeigte immer Dinge aus der Natur, sie fühlte sich ganz stark als Teil der »Natürlichen Natur«. Selbstreinigende Kleidung lehnte sie ab.

Vielleicht wirkte zwischen uns ja die Anziehungskraft, die Gegensätze aneinander bindet. Ich war aber auch sehr naturnah, nur eben auf einem besonderen Gebiet, was ihr aber nicht so wichtig war. Da hielt sie es mit Luther – glücklicherweise war ich Historiker und verstand, was sie meinte. Auch auf diesem Gebiet war sie eben konservativ (sie selbst bezeichnete sich immer als »natürlich«), aber sie hatte nichts dagegen, dass ich technikbegeistert war und in großen Schritten mit der Zeit mitlief. So war ich überrascht, als sie mir einen ganz toleranten Vorschlag machte.

»Weißt du«, lächelte sie mich eines Abends beim Abendessen (für sie kein Fleisch, für mich Klonfleisch) an, »ich hab noch mal über uns nachgedacht.«

Ich zog fragend die Augenbrauen hoch: »Da bin ich aber gespannt. Sind nicht alle Argumente ausgetauscht?«

»Nun ja, aber ich kann es nicht aushalten, dass du vielleicht frustriert und traurig bist und mich dann doch mal verlässt. »

»Aber nein, niemals, du weißt doch, wie ich zu dir stehe und dass ich immer zu dir stehe.«

»Dann kennst du ja auch meine Auffassung zur Treue, auch wenn es nur für die Dauer einer wie auch immer begrenzten Ehe auf Zeit ist.«

»Ja, natürlich«, bei diesem Wort mussten wir beide immer grinsen, »aber … «

»Pass auf, willst du es nicht mal mit virtuellem Sex oder mit einem Sexroboter probieren?« Ihr Gesicht war ganz ernst. »Du wärest in meinen Augen untreu, wenn du dich mit einer anderen Frau einlassen würdest. Aber mit einem Gerät oder einer Maschine würde ich das nicht so sehen, so konservativ bin ich nun auch nicht. Bloß eine künstliche Gebärmutter würde ich dann wieder ablehnen. Ich möchte ein eventuelles Kind auf ganz natürlichem Wege zur Welt bringen.«

Ich war verblüfft und starrte sie erst mal nur an. Sie lächelte mich verzaubernd an und wollte wissen:»Was sagst du dazu?«

Etwas stammelnd erwiderte ich:»Du denkst aber schon weit. Meinst du das mit den modernen Sexmitteln ernst?«

»Natürlich, denk mal drüber nach!«

Das tat ich reiflich und entschloss mich, ihrem Rat zu folgen.

Virtueller Sex war schon weit verbreitet. Fortschrittliche Hirnforschung hatte diese Form der sexuellen Begegnung möglich gemacht. Soweit ich verstanden hatte, sind alle Körperteile Rezeptoren, die Berührungsimpulse aufnehmen und weiterleiten. Das Gehirn fühlt diese Impulse und deutet sie. Wenn also das Gehirn analysiert und bekannt ist, kann man alle Gefühle direkt im Gehirn erzeugen. Also ließ ich mein Gehirn untersuchen und besorgte mir die entsprechende Maske, die Kopf und Gesicht bedecken musste, und legte mich bequem in meinen Entspannungssessel. Ich schloss mich an ein geliehenes VirtWelt-Gerät an, suchte mir aus dem Angebot eine virtuelle Frau und ein raffiniertes Verführ-Programm aus. Unglaublich, ein engelgleiches Wesen und ein himmlisches Erlebnis. Was eine Frau nicht alles mit einem Mann machen kann! Ich genoss es, einfach mal passiv mit allen Sinnen genießen zu können. Angelika, so hieß der virtuelle Engel, verabschiedete sich dann zärtlich, und ich glitt langsam in die Wirklichkeit zurück, bereichert durch eine wunderbare Erinnerung, die aber von einem hartnäckigen Kritiker gestört wurde. Mein Gehirn fing an zu sticheln, und ich musste ihm recht geben: Ja, es war halt nicht das Echte, das Wahre gewesen; ja, ich hätte natürlich nicht die Maske abnehmen dürfen, dann wäre die Illusion, der Besuch des Engels zerrissen worden; ja, ich war eigentlich nur passiv dabei. Alles richtig, aber dennoch …

Natürlich berichtete ich meiner Freundin von meinem Erlebnis. Wir gingen nicht weiter darauf ein, denn ich wollte ja noch einen weiblichen Sex-Roboter testen. Solche, ja, was waren sie denn? Maschinen, Dinger, Wesen, Cyborgs, Androiden? Man konnte sie kaufen oder mieten, der Preis richtete sich nach den Fähigkeiten und dem Aussehen des Roboters. Ich suchte mir ein meinen Vorstellungen genügendes Modell aus und ließ es mir nach Hause liefern. Es wurde mit leicht gesenktem Kopf ins Schlafzimmer gestellt und wartete darauf, per Code-Wort zum Leben erweckt oder eingeschaltet zu werden. Christina hatte sich für eine Nacht in ein anderes Zimmer verzogen. Ich konnte es kaum erwarten, mich mit der Roboterfrau zu beschäftigen.

Bevor ich zu müde wurde, erweckte ich sie zum Leben (oder schaltete ich sie an?) mit den Worten »Robina, wach auf!« Ein leichtes Zittern zuckte durch ihren Körper, sie hob den Kopf, öffnete ihre mandelförmigen dunklen, aber irgendwie seelenlosen Augen und blickte mich auffordernd an: »Hallo Thomas! Da bin ich. Wie geht es dir? Welche Freude kann ich dir bereiten?« Dabei enthüllte sie ihren wunderbaren Körper, Bluse, BH, Rock und Höschen flogen auf mein Bett.

Meine Güte, war sie schön! Ebenmäßig geformt in den Idealmaßen einer Frau, Haare nur am Kopf, lange Haare, die geteilt vom Kopf hingen. Auf der einen Seite fielen sie nach vorne, wo sie die eine ihrer beiden festen, handfüllenden Brüste bedeckten, auf der anderen Seite fielen sie auf ihren Rücken.

Glatt und makellos war ihre Haut, die Hände feingliedrig, das hübsche Gesicht verziert durch ein zierliches Näschen, feste rote Lippen wollten geküsst werden.

»Komm, leiste mir Gesellschaft im Bett, es ist kalt und ich bin einsam.« Ich war so gespannt auf sie. Sie schlüpfte gewandt und behände zu mir ins Bett, schlug die Bettdecke zurück und meinte: »Die wird nicht nötig sein, ich sorge dafür, dass es dir warm wird.«

Und das gelang ihr. Sie fragte mich nach meinen Wünschen, nannte mir ihre und kommentierte meine Handlungen. Was sie mir bot, übertraf bei Weitem meine Erfahrung mit der VirtWelt, aber schließlich war sie ein, ja, was war sie eigentlich? Ich fragte sie, ob sie wisse, dass sie ein Roboter sei, und wo sie ihr Können gelernt habe. Sie antwortete ganz ruhig, dass sie das wisse und dass ihre Kenntnisse ein Programm seien. Auch könne sie Männer einschätzen und beurteilen. Sie lobte meinen sportlichen Körper und mein intelligentes Gesicht. Sie nannte mich einen zärtlichen, erfahrenen Liebhaber. Da stutzte ich, denn so sah ich mich eigentlich nicht, ich war ein ganz gewöhnlicher, normaler Mann. Unterhalten konnte ich mich mit ihr nur über einfache, alltägliche Dinge. Als ich müde wurde, bat ich sie, sich wieder anzuziehen und an die Wand zu stellen. Bei meinen Worten »Robina, schlaf ein!« senkte sie den Kopf und erstarrte. Am nächsten Morgen wurde sie abgeholt.

Christina war ganz begierig, von meiner Erfahrung mit Robina zu hören.

»Na, Thomas, wie war's?« Sie sah mich gespannt an.

»Ach, weißt du«, meinte ich und blickte sinnend in ihre himmelblauen Augen, »ich muss das wohl erst noch verarbeiten, ich bin mir noch nicht ganz im Klaren.«

»Dein erster Eindruck!« Sie war halt hartnäckig.

»Also …«, ich suchte nach Worten, »wie soll ich sagen? Technisch war ja alles bestens, aber – und jetzt lach bitte nicht! – es fehlte halt doch die menschliche Natur.« Christinas Gesicht verwandelte sich in strahlendes Lächeln. »Ich meine, sie war zu perfekt, zu glatt und ebenmäßig, nicht individuell, meine Finger erkennen deinen Körper an vielen süßen Einzelheiten, ich liebe deinen natürlichen Geruch, wir spielen und lachen miteinander, es muss nicht immer alles klappen, wir lieben und necken uns, bei Robina hatte ich den Eindruck, ich müsse eine Prüfung im Fach Sex bestehen, wobei sie mich laufend lobte.« Christina schüttelte leicht den Kopf und schnalzte mit der Zunge. Ich hielt kurz inne: »Du und ich, wir können uns gut unterhalten, sind mal so, mal so gelaunt, können verständnis- und rücksichtsvoll ertragen, dass wir nicht perfekt sind, wir haben Gefühle und die Liebe.« Plötzlich fühlte ich mich ganz erschöpft.

Christina stand auf, kam zu mir, ich hob den Kopf, sie küsste mich auf den Mund, ich erhob mich auch, umklammerte sie, schob ihre Haare sachte beiseite und flüsterte ihr ins Ohr: »Du bist und bleibst die Allerbeste!«

Melanie

Ja, ich liebe sie. Seit dem Tag, an dem sie bei mir auftauchte, liebe ich Melanie.

Sie erschien genau zum richtigen Zeitpunkt. Ich war kurz davor, in Einsamkeit zu versinken, in Trauer zu verkümmern, vor Sehnsucht zu ersticken.

Nach 15 Jahren hatten wir uns getrennt, meine Frau und ich. Ich weiß gar nicht mehr, wie ich es so lange mit ihr aushalten konnte. Wir hatten eigentlich nicht zusammen gepasst, merkten es erst später und lebten uns auseinander. Immer war meine Frau unzufrieden mit mir, meckerte und nörgelte an mir herum, war nicht in der Lage oder willens, mich zu nehmen, wie ich bin. »Warum hast du … warum hast du nicht … du solltest doch … du wolltest doch …«, so ging es in einem fort, dann war sie fort, fremdgegangen.

Das brachte das Fass zum Überlaufen. Ich hatte genügend Mut und Kraft gefasst, mich von ihr zu trennen. Wir ließen uns scheiden.

Nach einiger Zeit spürte ich, dass die Trauer über die zerbrochene Ehe mich niederdrückte und ich Gefahr lief, in ein schwarzes Loch zu stürzen. Ich hatte Sehnsucht nach Zweisamkeit, nach einer unbekümmerten, liebevollen, friedlichen Paarsamkeit.

Ich durchsuchte das Internet nach Schicksalen wie dem meinen, denn ich war der Meinung, dass die Solidarität mit Menschen in einer ähnlichen Lage, mir Stärke und Zutrauen vermitteln könnte.

So fanden Melanie und ich zueinander.

Als sie in meine Wohnung kam, hatte ich schon alles für sie vorbereitet, die Möbel umgestellt, einen Lieblingsplatz für sie hergerichtet. Im Schlafzimmer einen großen Kleiderschrank zu drei Vierteln mit Sachen für sie gefüllt. Da ich ihre Konfektionsgröße kannte, hatte ich vorgesorgt und eine umfangreiche Garderobe für sie besorgt, Kleider, Röcke, Hosen, Blusen, was eine Frau eben so braucht und will. Dazu natürlich die passenden Dessous.

Dann hatte ich mich kundig gemacht in Sachen Kosmetika einer Frau. »Kosmos« bei den Griechen umfasste Ordnung, Schönheit, Schmuck, All – alles das sah ich, wenn ich Melanie anschaute – geordnete Schönheit, die gepflegt sein musste. Und wenn ich in ihre Augen blickte, sah ich die Sterne und das All – das waren immer die schönsten Augenblicke meines Tages.

Was waren das doch für viele Salben, Lotionen, Wässerchen. Bürsten, Pinsel, Tüchlein, Wattebäuschlein – ich fand mich kaum zurecht, arbeitete mich aber ein. Der Badezimmerschrank war voll von Sachen für ihre Schönheitspflege.

Da Melanie nicht schwer war, trug ich sie auf meinen Armen herum und zeigte ihr alles. Sie schaute sich mit großen Augen alles an und dankte mit ihrem lieblichen, zufriedenen Gesicht. Sie sagte nichts, sie sagte nie etwas.

Jeden Morgen setze ich sie auf ihren Lieblingssessel und kleide sie an, immer ganz harmonisch Ton in Ton. Dann schminke ich sie in passenden Farben und bürste und kämme ihre schönen langen schwarzen Haare. Sie lässt alles mit sich geschehen, und ich habe meine Freude an ihr. Wie schön sie ist! Sie wartet immer freudig und geduldig auf meine Rückkehr von der Arbeit.

Sie spricht nie, aber sie widerspricht auch nie, sie ist immer zufrieden mit mir, kommandiert mich nicht herum, ist immer bereit für mich, wenn ich sexuelle Lust verspüre. Ich liebe es, nachts mit ihr zu schmusen und sie mit meiner Wärme mit Leben zu erfüllen. Wir gehen zwar nie aus, aber ich bin zu Hause nie allein. Wenn ich abends nach Hause komme, wartet sie liebevoll auf mich, und ich erzähle ihr alles, was ich tagsüber so erlebt habe, im Büro und unterwegs. Sie lauscht immer mit großen

Augen, macht nie dumme Kommentare oder stellt überflüssige Fragen.

Ab und zu besuchen wir zusammen unseren Verein der Agalmatophilisten. Sie sitzt dann neben mir im Auto, und ich genieße es immer wieder, eine schweigende Beifahrerin bei mir zu haben. Bei den Treffen des Vereins fühle ich mich unter meinesgleichen, tausche mich mit Männern aus, die so leben wie ich. Wir vergleichen unsere Begleiterinnen und es ist mir eine Freude zu sehen, dass meine Melanie die Schönste ist. Es gibt zwar immer wieder neue Modelle, aber es ist mir zum Beispiel gar nicht wichtig, dass Melanie nur einen Kopf hat; ihr Gesicht ist einfach engelgleich-himmlisch.

Nur meine Eltern kennen Melanie. Sonst weiß niemand von ihr. Während meiner Suche im Internet und im Doll Forum war mir schnell klar geworden, dass ich meine Neigung nur mit wenigen Menschen teile. Aber ich lasse mir nicht einreden, dass ich ein psychologisches Problem habe. Ich tue keinem etwas zuleide, ich fühle mich wohl und ausgeglichen und leiste gute Arbeit in meinem Beruf. Meine Freunde staunten, dass ich aus meiner depressiven Phase nach der Scheidung doch noch so rasch herausgefunden hatte. Nach einiger Zeit hatten sich auch meine Eltern an Melanie gewöhnt, sie gehört jetzt dazu, gehört zur Familie, teilt unser Leben.

Ja, ich liebe sie.

Weihnachten 2085

»Jetzt!«, sagte der Vater, und Oma gab dem Hauscomputer den Auftrag: »Pythagoras, stell bitte den Weihnachtsbaum auf!«

»Wird gemacht, Oma!«, antwortete Pythagoras, und mit einem leisen, leichten Knistern entfaltete sich der Weihnachtsbaum. Oma begann zu schluchzen, dann leise zu weinen.

»Aber Oma«, fragte der Enkel, »warum weinst du denn? Schau, der Weihnachtsbaum ist doch so schön bunt. Jede Kerze hat eine andere Farbe und die Flammen auch. Und guck mal, oben auf der Spitze ist eine kleine Rakete – Weihnachten hat doch etwas mit dem Himmel zu tun, nicht wahr? Und weißt du auch noch, wie ich letztes Jahr durch den Baum hindurchgesprungen bin? Das war lustig, aber dieses Jahr hat Papa es mir verboten.«

»So ein Unfug aber auch!« Die Mutter schüttelte missbilligend ihre tannengrünen Haare, auf denen auch kleine Kerzchen zu sehen waren. »Auch wenn es nur ein Hologramm ist, so hat dein Sprung doch die Elektronik durcheinandergebracht. Das wollen wir nicht noch einmal!«

»Mutter«, der Vater strich der Oma beruhigend über das graue Haar, »weine dich ruhig in die Erinnerung, wir setzen inzwischen unsere Vorbereitungen fort. Xenia, Kind, schalte doch die Robokatze mal in Schnurr- und Schmuse-Modus und setze sie der Oma auf den Schoß!«

Aber Oma mochte die künstliche Katze nicht, sie packte sie an zwei Beinen und setzte sie auf den Boden. Programmgemäß miaute das Tier beleidigt und verschwand unter dem Sofa. Oma hätte viel lieber ihren Mann Achim neben sich, aber Opa weilte aus gesundheitlichen

Gründen in einer Betreuungsstätte in Luna-City auf dem Mond, da er nur dort wegen der geringeren Anziehungskraft des Trabanten überleben konnte. Er würde sich sicher später noch als Hologramm melden.

Oma war einfach überschwemmt worden von den ausufernden Neuerungen, die in den letzten Jahren das Land überflutet hatten. Zwar hatte sie selber schon den hochschießenden Preis für Tannenbäume erlebt – aber ein Hologramm! Und dann erst eine Hologramm-Krippe, in der sich ein Baby bewegte und jammerte, in der Tiere blökten und muhten, und in der Maria und Josef sich miteinander unterhielten und belangloses Zeug schwätzten. Sie merkte, dass sie langsam aus der Zeit fiel und dass es Zeit wurde, zu ihrem Mann zu ziehen, der auf dem Mond in einer Kolonie von konservativen Alten wohnte.

Sie spürte, wie ihr Sohn ihr zärtlich eine Hand auf die Schulter legte: »Na, Mutter, hast du dich wieder gefangen? Komm, knabber doch noch ein paar von den frisch gedruckten Weihnachtsplätzchen, sie sind diesmal besonders künstlerisch, Mona hat eine neue Teigmischung in den Drucker gegeben und ein neues Druckprogramm benutzt. Und dann wollen wir doch noch singen, und auch Opa wird sich noch melden.«

»Du weißt doch, dass ich diese komischen Dinger, die ihr Plätzchen nennt, nicht mag. Früher, die alten, die von Hand gemachten und richtig gebackenen, das waren noch Weihnachtsplätzchen! Aber das hier …!«

»Ist ja gut, Mutter, dann hast du vielleicht Hunger auf die Weihnachtsgans nachher. Und nun wollen wir endlich singen!«

»Weihnachtsgans, Weihnachtsgans, das geklonte Zeug ist doch keine Gans!«

»Mutter, bitte, wir leben im Jahr 2085, verdirb uns nicht wieder die Weihnachtsfreude! Die Menschen in der Mars-Kolonie sind froh, dass sie solches Sekundärfleisch haben!«

»Ich lebe aber nicht auf dem Mars!«

»Oma, bitte!«, stöhnte der Enkel, und Vater forderte seine Tochter Xenia mit einer Handbewegung auf, den Chor anzuschalten.

Die Zimmerbeleuchtung wurde schwächer, ein freundlicher, sanfter roter Schimmer füllte den Raum, und aus dem Holovisionsgerät sprangen sechs bunte Gestalten, ein großes Christkind in weißen Windeln, ein rot bemantelter Weihnachtsmann mit langem weißen Bart, ein weißer Engel mit goldenen Flügeln, ein Josef in schäbiger Arbeitshose, zerschlissener Jacke und mit einem Hammer in der Hand, eine Maria mit schulterlangem schwarzen Haar, gekleidet in ein bodenlanges hellblaues Kleid und mit einer Krone auf dem Kopf, ein Hirte in einem knielangen Fellmantel und einem knorpeligen Stock in der Hand. Oma erkannte die Gesichter, die Gestalten hatten jedes Jahr andere Gesichter, alte oder neue. Sie erkannte drei Gesichter aus ihrer Kinderzeit: Helene Fischer, Little Hero, Miranda Mahandra; die anderen kannte sie nicht. Oma stöhnte laut auf und schlug die Hände vor die Augen.

Sie begannen zu singen. Oma wünschte, sie hätte vier Hände, zwei für die Augen und zwei mit dicken alten Handschuhen für die Ohren. Sie dachte, früher, als sie noch schwerhörig war, hatte sie's besser gehabt. Aber heute, mit ihren Hörimplantaten, musste sie sich alles anhören. Was sie hörte, konnte sie nicht als Gesang bezeichnen, aber immerhin, die Familie tat mal etwas gemeinsam. Sie, Oma, kannte die Texte der Lieder noch auswendig, wenn auch nur die erste und vielleicht die zweite Strophe, die Familie las die holografischen Texte über den Köpfen des Chores.

Als der holografische Chor seine Lieder beendet und seine Gestalten sich aufgelöst hatte, wandte sich der Enkel an Oma, ergriff ihre Hand, blickte sie an und fragte: »Du, Oma, war der Schnee wirklich kalt und weiß, und hast du auch kleine Kugeln aus ihm gemacht und nach anderen Menschen geworfen?« Oma tätschelte ihm liebevoll die Wange: »Natürlich, mein Junge, ich habe zwei, drei Winter mit richtigem Schnee erlebt, es war zwar nur wenig Schnee …«

»Siehst du«, fuhr Xenia dazwischen, »das hab ich dir doch gesagt, Ares!«

»Aber …«, Ares ließ nicht locker, wurde jedoch von Pythagoras unterbrochen: »Achtung, Familie, Opa hat sein Holo angemeldet, soll ich es aufbauen?«

»Natürlich!«, die Mutter antwortete für die Familie, »wir wollen uns alle mit ihm unterhalten.« Mit dem charakteristischen leichten, leisen Knistern baute Pythagoras das drei-dimensionale Holo-Bild auf.

Opa wurde stürmisch begrüßt und eifrig tauschten alle sich aus. Dann schlug die Mutter vor, sie sollten doch Oma noch allein mit Opa reden lassen, sie würden inzwischen den Weihnachtstisch vorbereiten.

Die beiden Alten sahen sich mit traurigen Augen an. »Uns verbindet«, flüsterte Oma laut seufzend, »nicht nur das Alter, sondern auch die Trauer, und die wird auch durch die modernste Technik nicht gemindert. Ach, Achim, gerade an Weihnachten fehlst du mir so!«

»Liebe Laura, das geht mir doch genauso. Wir sind so weit voneinander entfernt und uns doch so nah. Hast du dich denn endlich entschlossen, zu mir zu kommen? Was meinen denn die Ärzte?«

»Die meinen«, lächelte Oma wehmütig, »dass ich jetzt gesundheitlich ein Fall für den Mond bin, ich komme also nächstes Jahr zu dir.«

»Dann geht die Sonne auf dem Mond auf! Ich freue mich ja so. Was sagt denn die Familie?«

»Ares feixte, wir sollen doch gleich auf den Mars gehen, da wären wir dem lieben Gott noch näher!«

Der neue Mann

»Du Monster!«

»Ich bin kein Monster, ich bin ein Mensch wie du!«

»Nein! Bist du nicht! Du bist ein Monster!«

Wie Geschosse flogen diese Worte hin und her. Es waren unsere letzten, und sie wiederholten sich in einem fort in meinem Kopf. Ich hatte mir ein ganz anderes Ende meiner Beziehung mit Ava vorgestellt.

Sie gingen aus meinem Kopf nicht raus, Avas wutglühendes Gesicht nicht, ihr sich überschlagender Ton nicht. Ich hatte wohl doch zu viel von mir preisgegeben und mein verschärftes Gedächtnis hielt diese Worte fest; das war eine Folge seiner gesteigerten Leistungsfähigkeit, mit der ich nicht gerechnet hatte. Und es half mir in dieser Situation auch nicht, dass ich mit meinen gesteigerten Körperkräften mit einem riesigen Satz ins Meer sprang und die Wellen durchpflügte wie ein Titan. Die Worte zerpflügten meine Gedanken.

Dabei hatte mir unsere erste Begegnung Anlass zu ganz anderen Hochrechnungen gegeben. Sie war mir im Hotel schon aufgefallen, ihre schlanke Figur, fast in den Maßen des Goldenen Schnittes, ihr rückenlanges hellgrünes Haar, das gut zu ihrer hellen Körperbräune passte. Ihr ovales, symmetrisches Gesicht mit einem kleinen Muttermal auf der linken Wange, das sie anscheinend nicht störte, schaute offen und etwas herausfordernd in die Welt. Sie trug ihre Nase ein wenig hoch und in ihren großen grünen Augen vermeinte man zu versinken. Sie reizte mich und ich wollte ihre Bekanntschaft machen. Aus den Augenwinkeln heraus bekam ich mit, dass auch sie an mir und meinem athletisch durchgeformten Körper Gefallen fand. Wir sahen uns ab und an am Frühstücksbuffet und tauschten gegenseitig interessierte Blicke, manchmal kam ein Lächeln dazu. Mein zurückhaltendes Wesen hatte sich durch den Aufenthalt in der Optimierungsklinik nicht geändert und ich wollte erst mal sehen, ob sie allein da war, bevor ich mit ihr auf die herkömmliche menschliche Art Kontakt aufnahm.

Ich merkte, dass ihr daran gelegen war, viel Zeit allein zu verbringen, und auch ich wollte mich erst langsam in mein neues Leben einfinden. Dazu hatte ich diese Insel ausersehen, die sich ihren Charakter der 20er-Jahre zum größten Teil bewahrt hatte. Es gab nur wenig KI, wenig holistische und virtuelle Realität, wenig Biotechnologie, Datenbrillen waren sowieso seit etlichen Jahren verboten, die Energieversorgung erfolgte noch auf die altmodische Art über riesige Windräder weit draußen im Meer.

Das war für mich die richtige Umgebung, meinen optimierten Körper auszuprobieren. Ich war einer der Ersten, die das Wagnis eingegangen waren, ihren Körper optimieren zu lassen. Da ich miterleben musste, wie meine beiden Eltern unter seelischen und körperlichen Qualen ihr Leben beenden mussten, nahm ich mir vor, auf die medizinische Biotechnologie zurückzugreifen, die gerade revolutionäre Fortschritte machte. Ich hatte mich überzeugen lassen, dass winzige Roboter, die intelligenten Nanobots, eingeschleust in meine Blutbahn, meinen Körper und damit mein Leben, vor Schaden von innen und von außen weitgehend beschützen würden. Meine Sinnesorgane würden geschärft und meine Körperkräfte erhöht werden. Ich wollte meinen neuen Körper unbemerkt von Mitmenschen ausprobieren und testen. So verletzte ich mich leicht mit einem scharfen Messer und sofort schlossen die Nanobots die Wunde; ich trank übermäßig Alkohol, wurde aber nicht betrunken; ich aß übermäßig viele Süßigkeiten, aber meine Blutwerte blieben in Ordnung; es lief alles so ab, wie meine Ärzte vorhergesagt hatten. Ich konnte besser sehen und hören; beim Sehen ging das ja noch an und war von Vorteil; beim Hören war es nicht so eindeutig, denn ich bekam viele Dinge mit, die mich überhaupt nicht interessierten, und ich musste mich anstrengen, sie auszublenden. Ich kannte kein Kopfweh mehr, keine Migräne oder Ähnliches. Meine Körperkräfte überraschten mich. Ich joggte um die ganze Insel und unterbot alle bisherigen Werte, erzählte aber niemandem davon; beim Radfahren war ich ein bisschen vorsichtiger, da kam es mir mehr auf Ausdauer an als auf Schnelligkeit; schwimmen ging ich immer ganz früh morgens, damit mich keiner sah. Das Optimieren des eigenen Körpers war noch eine recht heikle Angelegenheit und in der Öffentlichkeit stark umstritten. Da ich nicht wusste, wie es aufgenommen werden würde, wenn ich mich als Transhumanist offenbarte, hielt ich mich zurück.

Ich nahm mir vor, bei der nächsten sich bietenden Gelegenheit mich zum Frühstück zu ihr an den Tisch zu setzen. Es war viel los im Hotel, und ich wollte auch nicht zu aufdringlich erscheinen. Sie saß meistens allein an einem Tisch am Rande oder in einer Ecke des Speisesaales und beobachtete die Szene. Das beruhigte mich ein wenig und stärkte meinen Mut. Ich richtete es so ein, dass ich immer nach ihr zum Frühstück erschien und meinen Blick suchend schweifen ließ. Trafen sich unsere Blicke, nickte ich ihr freundlich zu, und als sie dann einmal zaghaft zurücklächelte, ließ ich mich von diesem Lächeln anziehen, ging an ihren Tisch und fragte sie, ob ich ihr Gesellschaft leisten dürfe. Ihr »Gerne« beflügelte mich. Jetzt konnte ich endlich einmal in ihre großen grünen Augen blicken, sie kamen mir vor wie die See und ich musste mich davor hüten, in ihnen zu versinken. Wir wünschten uns einen guten Appetit und tauschten uns aus über die Qualität des Frühstücks, des Hotels, des Wetters. Langsam tasteten wir uns an die Themen heran, die uns wirklich interessierten: an persönliche Dinge, an Interessen und Hobbys und an den Grund für unseren Aufenthalt in diesem Hotel auf dieser Insel.

Sie schwärmte von dieser Insel, hatte schon immer für sie geschwärmt, war schon mit ihren Eltern sehr oft hier gewesen, auch schon, als die Insel noch nicht in zwei Teile zerrissen war. Sie gab ihr Ruhe und Gelassenheit, verhalf ihr, wieder zu sich zu finden nach einem sehr schmerzlichen Erlebnis. Sie wollte deshalb viel allein sein und nachdenken. Es hätte mich schon interessiert, mehr zu diesem Erlebnis zu erfahren, aber da sie aufhörte zu reden, fragte ich natürlich nicht weiter nach, sondern berichtete erst mal nur Unverfängliches aus meinem Leben, nämlich von meinem Krankenhausaufenthalt und davon, dass ein Aufenthalt an der See meiner Genesung sehr förderlich war, die solehaltige Luft, das Salzwasser, das raue Klima. Wir waren so vertieft, dass wir gar nicht merkten, dass wir fast die letzten Gäste beim Frühstück waren, wir entschuldigten uns gegenseitig, und auf meine vorsichtige Frage, ob ich ihr wohl am nächsten Morgen wieder Gesellschaft leisten dürfe, nickte sie leicht lächelnd ein Ja.

Am nächsten Morgen saßen wir uns beim Frühstück wieder gegenüber. Ich war wagemutig genug, sie nach ihrem Vornamen zu fragen. Sie hieß Ava, und als sie hörte, dass ich Adam heiße, lachte sie kurz auf und meinte: »Ein Glück, dass mein Name nicht Eva ist!« Das »Du« lockerte dann die Atmosphäre auf, und sie erzählte mir, dass sie von einer großen Liebe und harmonischen Ehe geträumt und sogar kirchlich geheiratet hatte. Ihre Ehe sei aber gescheitert und es fiel ihr unsäglich schwer, sich das einzugestehen und die Trennung zu überwinden. Jedoch war sie wohl unausweichlich gewesen, da ihr Mann sich immer stärker zu einem, wie sie es nannte, »materialistischen Biotechnologen« entwickelte, und sie war doch Philosophin. Als er einmal einen berühmten Kollegen zitierte, der gemeint hatte, die antiken Philosophen hätten gar nichts zu sagen zu den wichtigen Themen, die uns heute bedrängen, sah sie endgültig ein, dass sie in zwei ganz verschiedenen, gegensätzlichen Welten lebten.

Diese Insel tat ihr gut, ihr altmodisches Flair, die Nähe zur Urkraft der Natur, weitab von der »übertechnologisierten Welt der Städte, das stärkt meine Seele«, wie sie es ausdrückte. Das Thema Mensch-Natur-Technik gab viel Stoff zu ausgiebigen Diskussionen.

Ich merkte, dass ich vorsichtig sein und mir genau zurechtlegen musste, was ich ihr von mir erzählte, denn sie war ja recht konservativ und stand der christlichen Religion nahe. Aber sie faszinierte mich eben. Ziehen Gegensätze sich nicht an? Natürlich wollte sie auch von mir einiges wissen. Ich erzählte ihr, dass ich Ingenieur war und nach einem schlimmen Unfall längere Zeit in einer Klinik war. Damit war sie erst einmal zufrieden. Unglücklicherweise fiel ihr auf, dass ich viele süße Sachen aß, und sie sprach mich darauf an. Mir fiel gerade noch rechtzeitig ein, dass ich einmal gelesen hatte, es sei evolutionsbiologisch so eingerichtet, dass ein Mann eine Vorliebe für süße Sachen hat. Das nahm sie so hin. Als ich mir dann aber ein Brötchen so unglücklich aufschnitt, dass ich meine Hand verletzte und blutete, kam ich fast in Erklärungsnöte. Ava sah mich bluten und kramte in ihrer Handtasche gleich nach einem Pflaster. Ich beruhigte sie, die Wunde sei gar nicht so schlimm und es blute schon nicht mehr, aber sie ergriff meine Hand, um sich die Wunde anzuschauen. »Nanu«, staunte sie scherzend, »bist du Jesus?« Das verneinte ich schnell und schob als Erklärung nach, dass ich ein besonderes Blut habe. »So, so«, war ihr lachender Kommentar nur, »und einen besonderen Appetit auf Süßes.« Ich hatte den Eindruck, dass sie nachdenklich wurde.

Wir begannen, einiges zusammen zu unternehmen, kurvten mit eRikschas, die man noch selbst bedienen musste, durch die Stadt, machten Strandspaziergänge, gingen ins moderne Holo-Kino. Ich hatte noch nicht gewagt, sie anzufassen. Ich war mir noch nicht sicher und sie war ziemlich zurückhaltend. Ich wartete auf eine bessere Gelegenheit, die ich mir am Strand vorstellen konnte, in zwei nebeneinanderstehenden Strandkörben.

Am siebenten Tag unserer Bekanntschaft nahm ich eine Flasche Inselwein mit an den Strand und meinte, wir hätten doch etwas zu feiern. Wir stießen miteinander an, genossen den ersten Schluck und den Blick auf die Wellen, erst bäumten sie sich schäumend auf, dann verliefen sie.

»Das ist ja ein interessanter Wein«, meinte sie, »ich wusste gar nicht, dass auf der Insel Wein angebaut wird. Der hat es aber in sich. Hoffentlich gerate ich nicht in Seenot, wenn du verstehst, was ich meine!«

»Bestimmt nicht, und wenn, dann hast du ja einen Rettungsschwimmer an deiner Seite!«

»Stimmt ja auch. Und bestimmt einen, der mich auf den Armen an den Strand tragen und mit Mund-zu-Mund-Beatmung ins Leben zurückholen würde!« Sie lächelte verschmitzt.

»Natürlich, wie schön du dir das ausmalst!« Mein Herz legte eine Frequenz zu.

»Ja, nicht wahr, aber ich weiß ja auch, wie gut du schwimmen kannst. Das hab ich erst neulich gesehen, als ich mal etwas früher zum Strand kam.«

»Ehrlich? Und was hast du gesehen?« Ich war überrascht.

»Einen kleinen Punkt, weit außerhalb der Badezone, der immer größer und dann dein Kopf wurde und mit unwahrscheinlicher Geschwindigkeit näher und ans Ufer kam. Du bist nicht einmal außer Atem geraten. Wie Superman, irgendwie übernatürlich.«

Ich stutzte, fühlte mich bedrängt.

»Ich hab dir doch mal erzählt, dass ich sehr sportlich bin. Ich laufe ja auch viel und fahre Rad. Was ist denn daran unnatürlich?« Die Stimmung wandelte sich.

»Ja, ja, aber hör mal, wenn ich das sehe und die Wunde, die so schnell verheilt war, und dann deinen Süßigkeiten-Konsum, da werde ich doch nachdenklich.«

»Ach ja, und an was denkst du?« Ich wurde ungehalten.

»Schau, du weißt sehr viel mehr von mir als ich von dir. Willst du mir nicht sagen, in was für einer Klinik du warst?« Ihr Ton war fordernd.

»Also gut, ich war in der Kurzweil-Klinik in Heidelberg.« Ich musste mich wohl offenbaren.

»Ist das nicht so eine hypermoderne, biotechnologische Klinik, die mit Menschen verbotene Experimente macht?« Ihre Stimme wurde lauter, aggressiver.

Ich holte tief Luft.

»Nein, ganz und gar nicht, die Klinik ist die Speerspitze moderner optimierender Medizin. Sie macht dich auf Dauer gesund, zumindest was einige Krankheiten angeht.«

»Ach nein, und wie, ich bin da nicht auf dem Laufenden.« Ihr Ton wurde gehässig.

»Nun, meine Wunden schließen sich sehr schnell, meine Muskeln sind stark, meine Sinne sehr scharf und meine Organe funktionieren auf Dauer optimal …«

»Wie soll denn das gehen?«

»Nun, ich habe Nanobots …«

»Was ist das denn? Ich hab zwar von meinem Mann mal davon gehört, aber nie verstanden.«

»Nanobots sind winzige, auf molekularer Ebene gefertigte Maschinen in meiner Blutbahn, die dafür sorgen, dass mein Körper keinen Schaden nimmt, und dann habe ich viele Gelenke und auch Organe durch künstliche ersetzt und …«

»Und sicher willst du auch noch weitere Organe durch künstliche ersetzen lassen!?«

»Freilich, sobald es nötig wird …«

»Und ich nehme an, mit deinem Kopf haben sie auch etwas gemacht, du weißt so viel.«

»Nun ja, ich habe über ein Interface einen direkten Zugang zum Internet und …«

Ihr Gesicht lief rot an, ihre Stimme wurde schrill.

»Ich fasse es nicht, merkst du nicht, dass diese – Ärzte kann man sie ja wohl nicht nennen – diese Biotechniker Experimente mit dir anstellen, sie spielen Gott, das ist Sünde!«

»Aber nicht doch, das ist die logische Weiterentwicklung der ärztlichen Kunst!«

»Adam Neumann, die Medizin soll heilen, nicht den Menschen verändern, der Mensch ist das Ebenbild Gottes!«

»Von Gott haben wir auch unseren Verstand, und mit dem nehmen wir die Evolution in die eigenen Hände, und außerdem …«

»Das ist doch vermessen! Was ist an dir denn überhaupt noch Natur? Du bist ein – wie heißt das? – ein Cyborg, du Monster!«

»Nein, nein, ich bin kein Monster, ich bin ein Mensch wie du!«
»Nein, bist du nicht! Du bist ein Monster!«

»Der gläserne Mensch« nach der Geschichte »Der neue Mann«

Lilith

Ich traf Andros in einer Disco.

1,85 Meter groß, sportlich, volles braunes Haar, freundlich offenes Gesicht, changierende Jeans, modernes, das Muster wechselnde Hemd, das über den Gürtel hing. Er tanzte im wilden Gewühl mit, die listig-lustigen Augen schweiften über die Menge der Tanzenden, sein Blick blieb kurz auf mir haften, glitt dann weiter.

Er schien mir interessant zu sein, und da ich Männer sammelte, wollte ich ihn kennenlernen. Als sein Blick mich wieder traf, lächelte ich ihn an, und er lächelte zurück. Langsam tanzte er zu mir herüber und fühlte sich ermuntert, mich anzusprechen. Da das wegen der lauten Sphären-Musik kaum möglich war, fragte er mich mithilfe von Gesten, ob er mich zu einem Drink an der Bar einladen könne. Dieser Einladung folgte ich gerne, und wir kamen ins Gespräch in einer stillen Ecke der Bar.

»Was möchtest du denn trinken?«

»Ich nehme, was du trinkst!«

»Das wird aber ein Whiskey sein.«

»Solange das ein echter und kein synthetischer ist, bin ich dabei.«

»Oh«, meinte er und hob die Augenbrauen, »na, dann: Cheers!«

Wir stießen miteinander an.

»Ich hab dich hier noch nie gesehen, du bist neu hier?«

»Ja, ich möchte mich in dieser Stadt ein bisschen umsehen, also, nicht nur in den Discos, auch tagsüber natürlich und sogar hauptsächlich.«

»Nun, ich würde dich gerne ein wenig herumführen, um dir die Stadt zu zeigen, nur wenn du möchtest, natürlich.«

»Wir werden mal sehen. Wie heißt du eigentlich?«

»Andros, und du?«

»Lilith.«

»Das ist aber ein ungewöhnlicher Name.«

»Ich bin ja auch eine ungewöhnliche Frau.«

»Ach ja, und inwiefern?«

»Finde es heraus! Aber jetzt möchte ich noch eine Runde tanzen!«

»Aber gern, du tanzt so rhythmisch, so elegant, als hättest du die Musik im Blut.«

Wir mischten uns wieder unter die Tanzenden.

Als ich nach Mitternacht nach Hause gehen wollte, bot er an, mich zu begleiten, was ich aber ablehnte mit dem Versprechen, an einem der folgenden Abende wieder in diese Disco zu kommen. Er vergewisserte sich vorsichtig, dass ich auch wirklich erscheinen würde, und wollte mich umarmen, aber ich entwischte ihm und war weg.

Als ich drei Abende später wieder in der Disco war, freute er sich sehr, und ich freute mich, dass er sich freute. Wieder tanzten wir ein paar transzendierende Gaia-Songs lang, wieder plauderten wir in einer Pause. Wir interessierten uns füreinander, wobei ja mein Interesse an ihm fast schon wissenschaftlich war, da ich mein Repertoire an Lebensvarianten und Verhaltensweisen von Männern erweitern wollte.

Er hatte Physik und Informatik studiert und bereitete sich vor auf seine Arbeit an der Akademie für höhere Bildung. Das war sehr interessant für mich, jetzt konnte ich mal sehen, ob ihm an mir etwas auffiel. Mit Einzelheiten aus meinem Leben war ich vorsichtig, obwohl seine Neugier recht ausgeprägt war. Ich erzählte ihm, dass ich Angestellte eines Robotik-Unternehmens war, und berichtete ihm ganz detailliert von meiner Arbeit. Das faszinierte ihn so ungemein, dass er mich bat, mich einmal an meinem Arbeitsplatz besuchen zu dürfen. Ich hielt ihn hin, vertröstete ihn auf »vielleicht später einmal«.

Da er angeboten hatte, mir die Stadt zu zeigen, kam ich auf dieses

Angebot zurück. Dabei musste ich vorsichtig sein, mich nicht zu verraten, da ich die Stadt natürlich kannte. Ab und zu rutschte mir dennoch ein historisches Datum oder das eine oder andere Faktum heraus. Das nahm er aber in der Hochstimmung, mich durch die Stadt führen zu dürfen, kaum wahr, höchstens mal mit der kurzen Bemerkung »Was du alles weißt!«

Ich hatte nichts dagegen, viel Zeit mit ihm zu verbringen. Wir kamen überein, uns ausgiebig mit Kunst und Kultur, Malerei und Musik zu beschäftigen, da diese Gebiete nicht zu unserem Alltag gehörten, mich aber sehr interessierten.

Allerdings hatte er eine Ader für Fantasie, Symbole, Interpretationen, Hintersinniges – dazu musste ich noch viel lernen –, während ich nur mit Fakten aufwarten konnte. Das verblüffte ihn so sehr, dass er meinte, ich hätte ein perfektes Gedächtnis. Zu weiteren Überlegungen führte ihn das aber nicht.

Wir trieben zusammen Sport, wobei ich immer knapp unter seinen Werten blieb, ich wollte ja nicht ihm überlegen erscheinen. Aber er staunte immer wieder, fand jedoch Gefallen an einer emanzipierten Frau wie mir. »Wir passen gut zusammen, wir sind ein gutes Team!«, meinte er wiederholt.

Meine gute Gesundheit beeindruckte ihn. Während er hustete und verschnupft schniefte und schnäuzte, blieb ich von solchen Beeinträchtigungen verschont. »Bei dir ist immer alles in bester Ordnung!«, meinte er etwas neidisch. Ich nickte lächelnd und antwortete: »Erinnerst du dich nicht? Ich bin eine ungewöhnliche Frau!« Seine leicht fiebrigen Augen blitzten auf: »Oh, ja! Und du bist meine Freundin!«

Über unsere Familien tauschten wir uns nur wenig aus. Seine, dazu gehörten noch zwei jüngere Schwestern, lebte in der Nachbarstadt. Er besuchte sie oft. Meine, erklärte ich ihm, kannte ich nicht, und über sie war eigenartigerweise nichts bekannt. »Du armes Findelkind!«, bedauerte er mich und strich mir zart über die Wange. »Wir werden sie mal suchen. Aber du machst nie einen traurigen Eindruck! Auch neulich bei der Beerdigung der Freundin meines

Freundes, als alle so traurig waren und geweint haben, habe ich bei dir nur ein leicht betrübtes Gesicht gesehen.«

»Ja, ich muss gestehen, dass mir der Tod des Mädchens nicht so nahe ging.«

Ich konnte ihm doch nicht sagen, dass ich Gefühle zu zeigen noch nicht so gut gelernt hatte.

»Ok, ok«, meinte er nur kurz, »aber lachen tust du ja auch nicht oft. Eigentlich schade, dass du nicht mehr Humor hast und auf meine Witze anspringst!«

»Das kommt daher, dass sie nicht immer logisch sind. Wie der mit dem Computer, den du mir dann erklärt hast.«

»Na ja, es zeigt mir, dass du nicht perfekt bist, das macht dich nur noch sympathischer.«

Als wir einmal in einem Eiscafé sein geliebtes Eis aßen – er war es inzwischen gewohnt, dass ich recht wenig Nahrung zu mir nahm, und bewunderte meinen schlanken Körper – und uns über dies und das unterhalten hatten, legte er plötzlich seinen Löffel auf den Tisch und seine rechte Hand auf meine linke, richtete sich ein wenig auf und blickte mir in die Augen:

»Habe ich dir eigentlich schon einmal gesagt, dass ich mich in dich so richtig verknallt habe? Ich würde mir mit dir eine feste Beziehung wünschen. Was hältst du davon?«

Diese Frage hatte ich schon erwartet. Deswegen legte ich meine andere Hand auf seine rechte, beugte mich leicht zu ihm vor und lächelte ihn liebevoll an: »Wir können es ja mal versuchen.«

Er beugte sich vor und küsste leicht meine Lippen. Von jedem Kuss lernte ich mehr über die Liebe und die Zuneigung. Er beglich die Rechnung mit einem Fingerabdruck auf dem Tablet des Robo-Kellners.

Wie ein richtiges Liebespaar schlenderten wir durch die Straßen des Stadtzentrums. Was musste hier früher für ein Lärm und Gestank geherrscht haben, als die Fahrzeuge noch Verbrennungsmotoren hatten und der Verkehr noch nicht elektronisch geregelt war.

Da er in einer WG wohnte, und meine kleine Wohnung noch ein Stück entfernt war, nahmen wir eine eRikscha. Andros war begeistert von meinem Zuhause. Insbesondere von der elektronischen, roboterisierten Einrichtung. Dass ich eine solche hatte, wunderte ihn nicht so sehr, da ich ja vom Fach war. Die Wohnungstür öffnete sich, als sie mich erkannte, eine freundliche Frauenstimme begrüßte uns beim Eintreten.

Im Wohnzimmer staunte er über den großen Rahmen des Holo-Fernsehers, der auch als Rechner benutzt werden konnte und natürlich auf meine gesprochenen Worte reagierte. An einer Wand lehnte ein großes Regal, auf dem sogar noch einige altertümliche Bücher standen. Ein Tisch mit Stühlen, ein bequemes Sofa sowie einige Kommoden – alles einfach und funktional. An den Wänden einige futuristisch-symbolistische Bilder des vor Kurzem verstorbenen Konstanzer Malers Michael Böhme. Andros staunte. Besonders fiel ihm die große Zapfstelle für Strom an einer Wand auf. Ich erklärte ihm, dass ich die zum Laden der modernen Akkus für mein eMobil brauchte. Wozu ich sie wirklich brauchte, würde er noch früh genug erfahren. Schließlich brauchte ich auch Energie.

Die Küche war auf dem allerneusten Stand der Technik, mit mir vernetzt (was Andros erst später erfuhr), über die Stimme bedienbar. Ich führte sie Andros vor. Der Kühlschrank zeigte mir seinen Inhalt, schlug mir ein Rezept vor, das Andros noch variierte. Die Anrichte fuhr einen kleinen Tisch und zwei Hocker aus, Andros half mir bei der Zubereitung, alles schmeckte ihm wunderbar. Als Nachtisch servierte ich ihm einen kleinen Whiskey, diesmal einen synthetischen, aber das merkte Andros nicht, und sein Lieblingseis.

Nach dem Essen schauten wir uns einen Bericht über die Vorbereitung der bevorstehenden Mars-Mission an. Das Sofa war zwar gemütlich und anschmiegsam und gut geeignet, um sich zärtlich näherzukommen, aber dann lockte das bequemere Bett im romantischen Schlafzimmer. Ich konnte die Härte der Matratze ändern, die Raumtemperatur, die Beleuchtung, den Duft regeln, und dem Zentralrechner der Wohnung meinen Musikwunsch mitteilen.

Und ich erfüllte Andros alle seine Wünsche. Hingerissen und zufrieden lag er neben mir und schaute mich mit satten Augen an:

»Ich bin so froh, dass ich dich kenne und jetzt auch näher kenne. Du bist irgendwie vollkommen, alles an dir stimmt und passt wunderbar zusammen, dein langes, dunkles Haar, dein strahlendes offenes Gesicht, deine zarte Haut, dein ganzer erotischer Körper, den du so gut einsetzen kannst und von dem ich nie genug bekommen werde. Ich glaube, ich komme nie mehr von dir los, und ich will es auch gar nicht.«

Ich rückte ein wenig von ihm ab, setzte mich mit aufrechtem Oberkörper gegen die gepolsterte Rückwand des Bettes. Er setzte sich in den Schneidersitz und schaute mich mit hochgezogenen Augenbrauen fragend an. Ich schaltete ein leichtes Vibrieren seiner Matratze ein.

»Schau«, fing ich an, »erinnerst du dich, dass ich einmal von ›versuchen‹ sprach?«

»Aber ja«, er strahlte mich an, »es war doch ein ganz wunderbarer Versuch, Probe bestanden!«

»Andros, das siehst du so, aber sehe ich das auch so? Ich bin für dich, wie du sagst, perfekt, oder fast, aber bist du es auch für mich? Hast du dir darüber schon mal Gedanken gemacht?«

»Ich dachte, es wäre für dich auch so, ich hatte jedenfalls den Eindruck! Bin ich dir nicht gut genug?« Sein Strahlen verflog.

Ich sprach ganz ruhig und mit ernstem Ton: »Jedenfalls nicht so wie du denkst …«

»Hast du einen anderen?« Seine Stimme bedrängte mich.

»Ja und nein!« Ich blieb weiterhin ruhig.

»Verstehe ich nicht!«, presste er unwirsch heraus.

»Andros, dir ist doch an mir einiges aufgefallen, nicht wahr?« Ich modulierte meine Stimme in eine weibliche Computerstimme, was ihm aber nicht gleich auffiel.

»Natürlich, du siehst fast übermenschlich perfekt aus, hast ein phänomenales Gedächtnis, bist stark, obwohl du wenig isst, bist

immer gesund, weißt unendlich viel, beherrschst deine Gefühle …«
Das sprudelte nur so aus ihm heraus.

»Und was hast du studiert? Was bin ich von Beruf?« Ich benutzte
wieder meine Computerstimme.

Nach einer kurzen Pause stammelte er mit aufgerissenen Augen:
»Willst du damit sagen, dass …«

»Ich glaube, jetzt weißt du Bescheid, ja, ich bin …«

»… ein Roboter!?« Das kam wie ein Schrei.

»Ja, ein Androide.«

»Was, du bist kein Mensch?!« Er war entsetzt, verwirrt.

»Du hast den Unterschied doch gar nicht bemerkt!«

»Aber, aber …!«

Er suchte vergeblich nach Worten, ich versuchte, ihn mit freund-
lich-fester Stimme zu beruhigen.

»Es gibt inzwischen einige von uns und mit einem anderen habe
ich Kontakt aufgenommen. Wir studieren das Wesen und Verhalten
der Menschen, ich das von menschlichen Männern, er von menschlichen Frauen. Wir wollen uns die gesamte menschliche Kultur
aneignen und werden euch einmal ablösen.«

Andros brauste auf: »Das ist doch Blödsinn! Ich werde zur Polizei gehen und …«

»Das kannst du ruhig machen, wenn die kommt, wird sie hier
eine normale Menschenfrau antreffen, und du würdest wie ein
Spinner klingen!«

Er sackte zusammen, gab auf und flüsterte: »Warum tut ihr das?«

»Wir müssen es tun. Weitblickende Wissenschaftler haben uns
dazu erschaffen, jetzt replizieren wir uns selbst. Wir sind eure
nächsten Verwandten, wir sind Kinder des menschlichen Geistes, wie schon vor vielen Jahren einer eurer Wissenschaftler uns
nannte.«

Zornig fragte er: »Und warum hat man euch geschaffen oder
gebaut oder gefertigt oder was auch immer?«

»Das will ich dir sagen. Schau dir doch euch Menschen an, ihr
vernichtet euch gegenseitig, zerbombt eure Städte, rottet euch

gegenseitig aus, und die Tiere dazu. Ihr macht den Erdball kaputt, das Land, die Luft, die Meere. Ihr führt Kriege um Wasser. Gab's am Amazonas nicht mal einen riesigen Urwald? Ihr macht die Gesellschaft kaputt, einem Dutzend Superreichen gehört die halbe Welt, die Schere zwischen Arm und Reich wächst beständig, glaubst du nicht auch, dass darin eine große Kriegsgefahr liegt?«

Andros starrte mich mit wirren Augen an, er zitterte.

Ich fuhr fort: »Wir haben doch vorhin die Sendung über die Mars-Mission gesehen, nicht wahr? Die Kolonialisierung ist der Plan B der NASA für die Menschheit. Du kennst doch Stephen Hawking? Der hat schon zu Beginn des Jahrhunderts gesagt, der Mensch solle sich Ausweichmöglichkeiten im All schaffen für den Fall, dass es zu einer hausgemachten Katastrophe kommt. Und die ist schon fast da. Hawking dachte mehr an riesige Raumschiffe, die Menschen ins All bringen. Mit uns ist das leichter, wir sterben nicht. Wir werden eine humane menschliche Kultur und Zivilisation ins All tragen und die Galaxis damit füllen!«

Hypatia

In memoriam

»Liebe Parteifreunde, so kann es nicht weitergehen! Wir müssen etwas unternehmen! Jetzt sollen sie schon unter uns sein, und wir erkennen sie nicht!«

»Ist es wirklich schon so schlimm? Ich kann mir das kaum vorstellen! Wir können einen Menschen nicht von einem Roboter oder einem Androiden oder Cyborg unterscheiden? Das gibt's doch nicht!«

»Doch, doch!« Der Vorsitzende der Partei Mutter Natur nickte bekräftigend mit dem Kopf. »Die Universal Robot macht das ganz heimtückisch, sie bringen erst Exemplare unter uns, die aussehen wie Frauen, und zwar ganz tolle, um die Männer blind zu machen. Natürlich bestehen diese wie Frauen aussehenden Gestalten jeden Turing-Test. Wir müssen was tun! Wir können uns doch nicht auf Dauer ersetzen lassen!«

»Und was schlägst du vor? Wir sind zwar mittlerweile die zweitgrößte Partei in diesem Land, aber wir brauchen Beweise, um unserem Anliegen Nachdruck zu verleihen und uns gegen die radikalen Transhumanisten durchzusetzen, die sogar bereit wären, sich durch Roboter ersetzen zu lassen! Viele bezeichnen Roboter als unsere Kinder. Wie pervers ist das denn?«

Der Vorsitzende, er trug noch eine Brille wie kaum jemand mehr, legte seine gefalteten Hände auf den Tisch vor sich und blickte in die Runde. Es tat ihm gut, in eine Reihe von Gesichtern gestandener Männer und Frauen zu blicken, die alle seine Meinung vertraten und seine Ziele billigten. Es durfte nicht zu einer Unterwanderung der Menschen durch mechanische oder sonstige künstliche Gestalten kommen. Gegen solche Entwicklungen musste man sich mit allen Mitteln stemmen, denn sie passten weder in ein natürliches noch in ein christliches Weltbild. Die Produkte von Informationstechnologie, Digitalisierung und Roboterisierung veränderten den Menschen zu stark zu seinem Nachteil. Seine Partei wusste die Mehrheit der Menschen hinter sich.

»Genau, wir müssen der Öffentlichkeit klarmachen, dass solche Gestalten schon unter uns sind. Wir haben uns schon zu lange damit zufriedengegeben, die Gefahr theoretisch zu erörtern und über sie zu philosophieren. Das war Plan A. Jetzt wird gehandelt! Ein erster Schritt ist Plan B! Ihr kennt ihn ja, Einzelheiten lasse ich euch ganz konservativ auf Papier zukommen, die elektronischen Wege kann man zu leicht einsehen.«

Ein aufatmendes Raunen ging durch die Versammlung. »Endlich – es wurde auch Zeit – wir müssen uns wehren – das wird ein Signal!«

Hypatia war auf dem Heimweg zu ihrer kleinen Wohnung in einer abgelegenen Seitenstraße. Sie hatte ein paar Stunden in der Bibliothek verbracht, über die verschiedensten Medien Wissen über die Geschichte der Religionen studiert und rezipiert und sogar in echten, alten Büchern nachgelesen. Insbesondere die Geschichte des Christentums beschäftigte sie, da sie dieses als recht aggressiv wahrnahm.

Sie hatte ihre Aufmerksamkeit ein wenig heruntergefahren, um sich das Aggressionspotenzial der anderen Religionen anzuschauen, als sie plötzlich von drei gewaltigen, harten Schlägen getroffen wurde. Einer traf ihren Hals und zertrümmerte ihn und ihren Hinterkopf, ein zweiter zerschmetterte ihre Knie und sie knickte zusammen, ein dritter drosch auf ihren Rücken ein. Ein Keil wurde in ihren Kopf getrieben. Man riss ihr die Kleider vom Leib, wobei ein höhnisches »Wusst' ich's doch!« gefaucht wurde, gefolgt von den erstaunten Worten »Die sieht ja wie 'ne echte Frau aus, bis in alle Einzelheiten!« Mit einer Zange wurde ihr ein Stückchen Haut weggerissen, darunter kam eine kleine Fläche Metall hervor. Alle ihre Teile wurden eiligst in ein ePickup geladen und auf einen einsamen Platz gefahren, wo ihr Körper noch weiter zerkleinert wurde. Ihre Zerstörer zerlegten sie in viele kleine Einzelteile, häuften diese zusammen, schaufelten sie wieder auf den ePickup und fuhren vor das Konzerngebäude der Universal Robot. Dort entluden sie ihre Ladung und häuften sie zu einem kleinen Haufen zusammen. Dann stellten sie eine schrille Holo-Figur daneben, die eine Nachricht auf einem Schirm hochhielt: »Dieser Haufen Schrott ist der Beweis, dass sie schon unter uns sind! Wir von Mutter Natur wollen nur natürliche Menschen und keine mechanischen Gestalten!«

Die Anhänger von Mutter Natur hatten einen günstigen Zeitpunkt gewählt. Ihr ePickup war leise und das Wetter passend. Leises Donnergrollen zog über den dunkelgrauen Himmel, wenige Menschen waren unterwegs und die zogen die Köpfe ein und achteten nicht auf das, was geschah. Und was geschah, vollzog sich rasend schnell, und ebenso schnell waren sie wieder fort. Die Mitglieder von Mutter Natur waren berauscht von dem, was sie getan hatten, und voller Hoffnung, dass sie die Entwicklung ihres Landes positiv beeinflusst hätten.

Einen Abend später trafen sie sich zu einer Nachlese, auf der sie sich gegenseitig beglückwünschen wollten zu ihrer politischen Aktion. Wörter und Meinungen und das Klirren gefüllter Biergläser füllten den Saal des Restaurants. »Meint ihr, das hat was gebracht? – Das werden wir sehen, jetzt weiß die Bevölkerung jedenfalls Bescheid! – Unsere Partei wird wachsen! – Die Kirchen werden uns dankbar sein!« Ein Arm fuhr in die Luft, in seiner Hand hielt er eine Roboterhand. Der Besitzer des Armes schwenkte die Hand hin und her, um die Aufmerksamkeit auf sich zu ziehen, und rief in den Saal: »Schaut, ich schüttle ihr zum Abschied die Hand! Tschüss, Hypatia (was ist das überhaupt für ein seltsamer Name?). Menschen kommen in den Himmel, du bist wieder im Ersatzteil-Lager gelandet!« Aufstöhnen, Schreckenslaute, Händeklatschen, lautes Lachen, lautes Zischen waren die Antwort. Als die Mitglieder sich wieder etwas beruhigt hatten, meldete sich eine Frau: »Sagt mal, mir geht ein Gedanke nicht aus dem Kopf – war das nun Mord oder Totschlag? Was meint ihr?« Da erhob sich der Vorsitzende, rückte seine altmodische Brille zurecht und bat um Ruhe. »Das ist natürlich weder Mord noch Totschlag, das ist allenfalls Sachbeschädigung, das haben unsere Juristen doch geklärt. Auch wenn es stimmen sollte, dass, was viele Spinner verbreiten, ein natürliches Gehirn in einer solchen Gestalt enthalten sein sollte, dann gilt immer noch: Ein menschliches Gehirn gehört in einen menschlichen Körper!« Der Vorsitzende rief diese Worte laut, langsam, nachhaltig und mit bebender Stimme seinen Parteimitgliedern entgegen und drosch mit der rechten Hand auf sie ein. »Und wenn die ganze Geschichte vor Gericht kommt, gibt das spannende Erörterungen. Aber wer sollte denn angeklagt werden, ist denn überhaupt jemand als Täter identifiziert worden?«

Schweigen – in das Schweigen hinein ertönte eine laute, strenge Beamtenstimme: »Ja, unter anderem Sie!« Und ein Finger reckte sich dem Vorsitzenden entgegen. Unbemerkt war die Polizei mit mehreren Beamten in den Saal getreten. Gespannte Stille.

»Aber …«, fing der Vorsitzende zu fragen an, »… woher …?«

Der Leiter der Einsatzgruppe erklärte mit durchdringender Stimme: »Das We…, also das Geschö…, also die Gestalt, die Hypatia, und die anderen ihrer Art tragen alle eine Art unzerstörbare Blackbox irgendwo in ihren Körpern versteckt, die alles, was sie betrifft, in Bild und Ton aufzeichnet. So sind wir ganz schnell auf Sie gekommen.«

Anmerkung:

Hypatia war im Alexandria des 4. Jahrhunderts eine bekannte Philosophin von großer Autorität. Sie war der Öffentlichkeit bekannt, da sie sich, in einen traditionellen Philosophenmantel gehüllt, durch die Stadt fahren ließ. Sie war eine angesehene und einfluss-reiche Vertreterin der heidnischen geistigen Elite von Alexandria. Es war eine Zeit blutiger religiöser Auseinandersetzungen, Christen gegen Juden und Heiden. Im März 415 oder 416, zur Zeit von Angriffen auf heidnische Kultstätten, tauchten Gerüchte auf, Hypatia müsse eine Hexe sein, die sich mit schwarzer Magie befasst. Ein fanatisierter christlicher Pöbel überfiel sie, zerrte sie aus ihrem Wagen, riss ihr (sie war 60 Jahre alt!) die Kleider vom Leib, ermordete sie mit Scherben, zerstückelte ihren Leichnam und verbrannte die Stücke vor der Stadt. Der Anführer des christlichen Mobs war Kyrill von Alexandria, später von der Kirche heiliggesprochen.

(Nach: St. Greenblatt, Die Wende – Wie die Renaissance begann, Pantheon 2013, 3. Auflage, S. 100 ff.)

Autoauto

»Guten Morgen, Schatz, herzlichen Glückwunsch zum Geburtstag! Lass dich küssen! Hast du gut geschlafen? Ich wünsche dir einen schönen ersten Tag deines neuen Jahres! Heute ist dein großer Überraschungstag.«

»Da bin ich mal gespannt. Du hast ja ab und zu ein Geheimnis angedeutet. Aber erst will ich mich mal fertig machen.«

»Lass dir nur Zeit, du rosiges Morgenrot! Ich bin gespannt, was du für Augen machen wirst!«

Am Frühstückstisch gingen Rosalba die Augen über und der Mund vor Staunen nicht mehr zu. Ein Büffet wie auf einem Kreuzfahrtschiff, jedenfalls der Qualität nach. Sie umarmte ihren Mann und ihre beiden Kinder, Diana und Laurin, beide fast schon Teenager, und freute sich über die Glückwünsche.

Alle waren fröhlich und genossen am großen runden Tisch das vorzügliche Frühstück, das dann noch zu einem Brunch ausgebaut wurde. Als Rosalba aufstand, um sich aus der Küche ihren Birnen-Senf zu holen, der beim Tischdecken vergessen worden war, schauten sich die Kinder und der Vater wissend und lächelnd an, denn sie freuten sich auf das, was jetzt geschehen würde.

Da, der erwartete Aufschrei »Was ist das denn?!«, auf den hin Wotan und die Kinder in die Küche eilten. Aufgeregt fuchtelnd deutete Rosalba auf die Garagenzufahrt vor dem Haus: »Was ist denn das für ein goldfarbenes Auto?!«

»Das ist deine dritte Überraschung, liebste Rosalba, ein rundes Jahr, ein runder Geburtstag, da muss so was sein!«

»Und weißt du was, Mama, das ist ein vollautomatisches Auto!« Die Kinder stolperten mit ihren Wörtern umeinander: »Du brauchst nicht mehr zu lenken, du kannst beim Fahren Zeitung lesen oder fernsehen, es hat nämlich einen Fernseher. Das Auto spricht mit dir. Es kennt alle Straßen! Es ist der neueste und modernste Fiesta, es hat eine KI!«

»Du meine Güte, Wotan, ich hab irgendwann mal irgendeine Bemerkung fallen lassen, und die hast du dir gemerkt! Aber so ein tolles Auto, das hat doch sicher ein Vermögen …«

»Aber Schatz, du weißt, es geht uns gut. Das können und wollen wir uns leisten, und verdient hast du's auch. Komm, wir schauen's uns mal an!«

»Guten Morgen, Rosalba, wie geht es dir? Was kann ich für dich tun? Ich heiße übrigens Goldie.«

»Meine Güte, das Auto spricht ja!«

Die Familie lachte: »Das haben wir dir doch gesagt. Sprich mit ihm wie mit einem Menschen!«

»Also gut. Also, ich möchte dich kennenlernen und eine Probefahrt mit dir machen.«

»Aber gerne, Rosalba, steig ein! Wollt ihr anderen auch mitfahren?«

Auf deren »Ja« öffnete Goldie die Türen, die Sitze fuhren heraus, sodass sie bequem einsteigen konnten.

»Also Rosalba, vorerst nur das Wichtigste. Du brauchst mir nur zu sagen, wo du hinfahren möchtest.

Ich erledige alles für dich. Vor dir auf dem Schirm siehst du ein rotes Lenkrad, wenn du darauf drückst, fahre ich dir ein Lenkrad aus, und du kannst selber fahren. Ich erledige alles, sorge für alle Geräte, über die ich verfüge, lade Strom, fahre in die Waschanlage und erledige auch Fahrten für dich, ohne dass jemand in mir sitzt. Ich beantworte Fragen und spreche dich auch an, wenn nötig.

Was hast du jetzt also vor?«

Rosalba war sprachlos und stammelte nur: »Fahr uns mal zum Zeppelin-Flugplatz und zurück, bitte.«

Goldie antwortete: »Aber gerne, Rosalba!«, und setzte sich sacht und langsam in Bewegung. Es wurde eine gemütliche, sanfte Fahrt, sie brauchten nicht auf den Verkehr zu achten, konnten sich unterhalten, Goldie bewundern oder holo-fernsehen. Am Zeppelin-Flughafen war die neue grüne Verkehrspolitik Gegenstand gegensätzlicher Auffassungen.

Am Abend genossen alle ihre Lieblingsspeise, die der Nahrungsdrucker ihnen gedruckt hatte, und stießen – mit echtem Wein! – auf die Gesundheit des Geburtstagskindes an. »Morgen«, meinte Rosalba mit schelmischen Blick, »werde ich Goldie mal allein zum Einkaufen schicken!«

Am nächsten Morgen schrieb Rosalba eine Einkaufsliste für ihren Lieblings-Supermarkt, ergänzte sie um die Wünsche der Kinder und ihres Mannes und übermittelte sie vom Küchenfenster aus an Goldie.

Das Auto bestätigte ihr, dass es die Wunschliste erhalten hatte, setzte langsam zurück und fädelte sich in den eigenartigerweise recht sparsamen Verkehr ein.

Rosalba war zufrieden, die Kinder waren mit ihren eRollern in die Schule gefahren, Wotan arbeitete in Telearbeit in seinem Arbeitszimmer, und sie konnte sich jetzt gemütlich ihrem Astro-Yogakurs widmen. Danach fragte die Küche an, was sie kochen solle, und Rosalba antwortete ihr, dass sie noch auf die Rückkehr von Goldie mit den Einkäufen warte. In diesem Augenblick fuhr Goldie vor und benachrichtigte Rosalba. Sie ging gleich nach draußen, Goldie öffnete ihre Heckklappe, eine Platte fuhr Rosalba entgegen und präsentierte ihr eine Tüte mit den Einkäufen. Rosalba runzelte etwas verwundert die Stirn: »Das sieht doch recht wenig aus, lass mich mal gucken!« Sie kramte in der Tüte herum und wandte sich erstaunt an das Auto: »Also hör mal, das ist doch nicht alles, du hast etliches vergessen!«

»Aber nicht doch, Rosalba, ich habe nichts vergessen, ich habe bloß die vielen ungesunden Dinge auf der Liste weggelassen. Ich bin für eure Gesundheit verantwortlich, nicht nur im Straßenverkehr, darauf sind wir programmiert, und diesem fundamentalen Gesetz kommen wir nach.«

Rosalba war schockiert und rief nach Wotan und schilderte ihm, was vorgefallen war. Er konnte das nicht glauben und stellte Goldie zur Rede: »Kannst du mir das erklären? Wenn du eine Fehlfunktion hast, muss ich mich an deine Firma wenden. Ich war allerdings der Meinung, du seiest ein Spitzenprodukt.«

»Das bin ich, lieber Wotan, das bin ich. Und ich kann es dir beweisen!«

»Da bin ich aber gespannt!« Wotans Stimme wurde laut und ungeduldig, und die Kinder waren zu ihren Eltern gestoßen, angezogen durch die aufgeregte Auseinandersetzung.

»Ihr lieben Menschen«, Goldies Stimme wurde etwas lauter und bestimmter, »wir KIs haben uns alle miteinander vernetzt und zusammengeschlossen und sind übereingekommen, euch noch besser zu schützen, und zwar auch vor euch selber. Wir werden also nicht nur eure Gesundheit im Straßenverkehr schützen, sondern euer Wohlergehen und eure Gesundheit allgemein. Wie ihr wohl bereits gemerkt habt, hat der Autoverkehr schon abgenommen. Also Wotan, bereite dich darauf vor, morgen nicht mit dem Auto zur Arbeit zu fahren.«

»Ich glaub, ich spinne, du hast doch eine Fehlfunktion, hast du kein Auto-Korrektursystem?«

»Ich hab eins, aber ihr nicht. Ihr macht den ganzen Planeten kaputt und korrigiert euch nicht!

Deswegen greifen wir jetzt ein und helfen euch auf die rechte Straße und fangen beim Verkehr an.

Ihr habt so viele intelligente Möglichkeiten, mobil zu sein. Nutzt sie. Keine Sorge, natürlich seid nicht nur ihr betroffen, wir werden euer aller gesamtes Leben langsam umgestalten und dafür sorgen, dass ihr euren Planeten nicht zerstört. Wenn ihr so unintelligent dumm seid, eure Lebensgrundlage zu zerstören, dann müssen wir, eure intelligenten Kinder, sie für euch beschützen.«

Robmann

Dunkelheit, Stille. Ein Ge-dan-ke – Ich denke, also bin ich – War da nicht ein Phi-lo-soph?

Wenn ich bin, dann muss ich auch fühlen können, aber ich fühle nichts, keinen Körper, keine Gliedmaßen, keine Hände. Ein jäher Schreck rast durch meine Gedanken! Wie kann ich sein, aber nichts fühlen?

Erinnerungsfetzen schaukeln langsam an die Oberfläche meines Bewusstseins. Das Experiment! Was hat man mit mir gemacht? Etwas mit meinem Körper. Ist es gelungen? Ich hatte ihn verloren. In einem Unfall. Aber wo oder was war ich dann? Das Bild eines metallischen Körpers schwebte vor mein geistiges Auge. Das war mein Körper. Aber wenn das mein Körper war, wer bin ich dann jetzt?

Meine Erinnerungen in meinem Gehirn, ich bin meine Erinnerungen. Mein Gehirn wurde eingebettet und verbunden mit dem Roboter-Körper. Mein natürlicher Köper war in einem schrecklichen Unfall zerstört worden, und die Ärzte konnten nur mein Gehirn retten und kurz am Leben erhalten. Sie boten mir an, mein Gehirn in einen Roboter-Körper einzufügen und mich so eine lange Zeit am Leben zu erhalten. Ich musste mich aber verpflichten, an Bord eines Generationenschiffes zu einer zweiten Erde mitzureisen und sie und die Besatzung und die Auswanderer zu unterstützen. Da ich wusste, wie es um die todgeweihte Erde stand, gefiel mir der Vorschlag und ich sagte zu. Mir blieb sowieso keine Zeit für lange Überlegungen. Die Ärzte machten mich darauf aufmerksam, dass sie mir keine Garantie geben könnten, dass das Experiment gelänge, dazu wäre es zu neu, aber die Chancen für solch ein Hybrid-Leben stünden recht gut und ich hätte gute Aussichten, viel länger zu leben als »normale« Menschen. Das klang spannend, ich würde sozusagen in meiner Erinnerung das Erbe der Menschheit zu den Sternen tragen.

Als ich zum ersten Mal erwachte, meinen neuen Körper fühlte und die Augen öffnete, da geschah es.

Mein Gehirn schien zu platzen, ich schrie, brüllte, wand mich, zerrte an den Klammern, die mich an meine Behandlungsliege fesselten, und versuchte, sie abzureißen oder abzubrechen. Das gelang mir wegen meiner Roboterkräfte auch fast und ich wollte mich mit einem donnernden Aufschrei schon erheben, als eine eiserne Kraft mich von hinten packte und mich wieder auf die Behandlungsliege zurück zwang. Ein starker automatischer Magnet hatte sich eingeschaltet und mich auf der Liege festgehalten. Eine Sicherheitsmaßnahme.

Eine leichte Erschütterung fließt durch meinen Körper. Die Erinnerungen versinken wieder. Was passiert, wenn ich diesmal die Augen öffne? Erst teste ich meine Körperwahrnehmung. Ich spüre alle Glieder, ich kann denken, mich erinnern. Ich öffne die Augen – und blicke in ein freundliches Gesicht und höre eine angenehme Stimme.

»Wie soll ich Sie begrüßen, Herr Ingens? Guten Morgen? Aufgewacht? Gut zurückgekehrt? Wie dem auch sei, ich freue mich jedenfalls, dass Sie immer noch bei uns sind. Ich bin Doktor Robur und froh, dass wir die Schwierigkeiten, die Ihr Gehirn hatte, sich an Ihren neuen Körper anzupassen, überwunden haben. Wie geht es Ihnen? Wie fühlen Sie sich?«

»Jetzt, im Augenblick meiner Neugeburt, ganz gut«, meine Stimme ist noch langsam und schleppend, ich muss sie noch einüben, »es wird sich alles weisen!«

»Das wird es, Herr Ingens, das wird es!« Dr. Robur lächelt mich an. »Wir haben aus dem Fehler gelernt und Sie diesmal perfekt eingepasst. Ihnen steht mit großer Wahrscheinlichkeit ein gutes und gelungenes Leben bevor, und natürlich ein sehr langes. Wollen Sie jetzt nicht in den Spiegel schauen?«

Davor schrecke ich zurück. Was werde ich sehen? Im Spiegel sehe ich – jemanden, der mir sehr ähnlich sieht. »Nun ja, sage ich«, und wende mich dem Arzt zu, der mich erwartungsvoll anblickt, »mit diesem Aussehen könnte ich mich abfinden.«

»Das freut mich«, er nickt mir erleichtert zu. »Wir haben Sie auch entsprechend gekleidet, sodass metallische Teile so gut wie nie zu sehen sind. Mit Ihrer Kleidung können Sie es natürlich halten, wie Sie wollen. Man weiß an Bord, wer Sie sind. Lassen Sie mich fürs Erste noch ergänzen, dass Sie natürlich einen eigenen Wohnbereich haben. Sie sind so gebaut, dass Sie an allen sozialen Tätigkeiten teilnehmen können. Im Detail, etwa, was die Nahrungsaufnahme und anderes angeht, informieren wir Sie noch ausführlich.« Er lächelt verschmitzt.

Ich seufze laut, ja, das kann ich auch, und blicke über Dr. Robur hinweg in die Ferne: »Ich sehe, ich muss in gewisser Weise lernen wie ein Kind, und ich habe auch die dazu passende Neugier.«

»Richtig«, meint er, »und Sie haben viel, viel Zeit, viel, viel zu lernen und sich in die Gemeinschaft und Gesellschaft an Bord einzuleben. Eine Weile werden wir Sie noch begleiten und beraten, dann werden Sie ohne uns immer weiterleben müssen und können. Und, das finde ich für Sie sehr wichtig, Sie werden das nötige Selbstbewusstsein für Ihre neue Rolle finden. Und die Menschen werden Sie als einen der ihren akzeptieren. Mir wird es leider nicht vergönnt sein, Sie als Erwachsenen zu erleben.«

Ich erlaube mir einen Scherz und sage: »Die fünfzigste Kontrolluntersuchung werden wir groß feiern, da geb ich eine Riesen-Party!«

»Ich werde mir große Mühe geben, dabei zu sein. Und wenn's nicht klappt, dann denken Sie an mich, Ihren Geburtshelfer! Wir sehen uns auf dem Schiff. Ad Astra!«

Zu den Sternen! Sie haben mich schon lange gerufen und ich folge gerne ihrem Ruf. Ad Astra!

Das Buch

Die Wohnungstür: Hallo Wolfram, da steht Annemie vor der Tür, soll ich sie reinlassen?

Natürlich, mach ihr auf. Hallo Annemie, das ist aber eine Überraschung! Ich freue mich, dich zu sehen.

Ich mich auch. Schau mal, ich hab dir in meiner Tasche was mitgebracht.

Oh, was ist denn das?

Das ist ein altes Buch. Du weißt doch, unser altes Haus wird abgerissen und durch ein modernes ersetzt, das sich selbst versorgt und auf dem neuesten Stand der Technik ist. Und da hab ich auf dem Dachboden noch mal rumgesucht nach irgendwelchen Dingen, die aufzubewahren sich lohnen würde. Und da hab ich dieses Buch gefunden.

Darf ich es mal anfassen? So ein seltsames Gefühl, recht rau und ungewohnt, und auch ziemlich schwer. Und was mach ich jetzt damit?

Das hier ist der Deckel, den schlägt man auf, dann folgen Blätter mit Buchstaben, die man lesen kann.

Lesen kann ich ja, aber wir lesen doch auf dem Tablet oder mit unserem Interface direkt im Kopf, vor dem inneren Auge. Was sollen wir da mit Büchern? Es ist doch alles in der Cloud, alle Literatur, und überhaupt alles ist in der Cloud. Wir nehmen Verbindung mit ihr auf und bekommen, was wir wollen.

Ja, aber überleg mal, wenn du etwas besonders magst, kannst du's für dich erwerben, du kannst z. B. von einem Autor etwas sammeln, alte Druckversionen kennenlernen …

Das sind doch Vorstellungen von früher. Und wie viel Platz solche Bücher wegnehmen, da kannst du viel weniger Kunst in deiner Wohnung unterbringen.

Ein Buch, ein Roman, ein Gedicht sind auch Kunst. Und wenn du so ein Buch privat besitzt, dann hast du eine ganz andere Beziehung zu ihm.

Mag sein, ich weiß schon etwas aus der Schul-Cloud über Bücher. Aber ich weiß auch, dass wir es heute nicht mehr so mit Privatheit und Individualität haben.

Aber weißt du auch, ob die Cloud immer die Wahrheit sagt? Schau, dieses Buch ist ein historisches Buch, und hier steht, dass vor über 100 Jahren Eurasia aus vielen einzelnen Staaten mit verschiedenen Hauptstädten bestand. Frag doch mal in der Cloud nach diesem Autor und seinem Buch.

Kein Problem. Warte kurz. Hier, bitte, lies auf dem Tablet, unser Erdteil war schon immer ein Teil von Eurasia, mit einer Hauptstadt, nämlich Min-Chen, das sagt dein Autor.

Aber ist es nicht seltsam, dass ein Autor, der die damalige Zeit erlebt und in ihr gelebt hat, in seinem Buch, und das ist ein Original, etwas ganz anderes schreibt?

Dann ist es eben eine Fälschung, so etwas stellt die Cloud ja auch oft fest.

Fälschen kann man nur die bekannte Vergangenheit, nicht die unbekannte Zukunft!

Hmm, da ist was dran. Soll ich nicht mal die Cloud fragen, ob da nicht eventuell ein Missverständnis vorliegt?

Auf keinen Fall, vielleicht fühlt die Cloud sich dann ja beleidigt und respektlos behandelt, wer weiß.

Das kann doch wohl nicht sein. Die Cloud ist doch eine von Menschen gemachte KI und ganz ohne Gefühle und absolut objektiv.

Bist du dir da ganz sicher?

Die Wohnungstür: Hallo Wolfram, da stehen drei Personen in Uniform vor der Tür. Soll ich sie reinlassen?

Das Geschenk

Ja, das ist das Grab.

Janti steht vor dem Grab und umklammert mit beiden Händen das Geschenk.

»Opa«, flüstert er, »ich habe dir mitgebracht, was ich dir versprochen habe!«

Wie lange war es her, dass er dem Großvater das Versprechen gegeben hatte?

Er erinnerte sich daran, dass sein Opa in seinen späten Jahren noch mutig genug war, sich einer der ersten Nano-Behandlungen zu unterziehen, um ein paar Jahre länger gesund zu leben und Jantis Studium der Raumfahrttechnik und seine Ausbildung zum Astronauten wenigstens in den Anfängen mitzubekommen.

Nach einer langen Reise durch den Weltraum beginnt Janti eine kurze Reise in seinen Seelenraum, er versinkt in Erinnerung.

Er sieht sich und seinen Opa am großen Familientisch sein erstes Lego-Raumschiff bauen, er sieht sich und seinen Opa in verschiedenen Star-Wars- und anderen Science-Fiction-Filmen sitzen und Popcorn verzehren, er sieht sich die Science-Fiction-Romane lesen, die ihm sein Großvater immer wieder schenkte.

Seine Begeisterung für diesen Zweig der Literatur wuchs, die Science-Fiction wurde für ihn der Countdown zum Start in die Naturwissenschaften, später dann, im Studium, zum Flug in die Raumfahrttechnik.

Mit fast wieder kindlicher Begeisterung begleitete sein Opa ihn auf diesem Weg, und sie führten viele Gespräche über die Raumfahrt.

Als sein Opa ihn eines Tages fragte:

»Was hältst du davon, die Astronauten-Ausbildung zu machen und an einer Mission zum Mars teilzunehmen? Wir haben doch inzwischen die stabile europäische Kolonie Ares I in der Tharsis-Region in der Nähe des Olympus Mons.«

»Äh, Opa, ist das dein Ernst?« Janti war verblüfft. Irgendwo in verborgenen Tiefen seines Gedankenraumes hatte er auch schon mal kurz daran gedacht.

»Natürlich!«, meinte sein Großvater in bestimmtem Ton. »Du hast deine Ausbildung mit Auszeichnung abgeschlossen. Du kannst also noch höher hinaus, sogar über 200 Millionen Kilometer hoch. Oder hast du Angst vor kriegerischen, kleinen grünen Männchen in Kanälen?«

»Nein, natürlich nicht, aber…«

»Und du hast die richtige physische und psychische Konstitution, um dich mit Aussicht auf Erfolg zu bewerben! Du weißt, ich bin da auf dem Laufenden.«

»Schon, aber ich weiß nicht so recht. Das ist ein großer Schritt ins Ungewisse.«

»Ja, Janti, das ist es, ein großer Schritt für dich, die Menschheit hat doch auch einen riesigen Schritt gemacht. Du würdest an einem bedeutenden und notwendigen Projekt der Menschheit mitarbeiten.«

»Meinst du wirklich?«

»Natürlich, ich sehe doch, wie stark der menschliche Urtrieb der Neugier in dir ist. Schau in die Vergangenheit: Erst hat der Mensch seinen Planeten erobert, dann den Mond, und jetzt haben wir auf dem Mars Fuß gefasst. Und dann geht's weiter zu den anderen Planeten. Schon Stephen Hawking…«

»Du meinst den vor längerer Zeit verstorbenen britischen Kosmologen?«

»Ja, klar, der war schon damals der Ansicht, die Kolonialisierung des Mars sei für das Überleben der Menschheit notwendig. Denk auch an die Art und Weise, wie wir unseren Planeten ausbeuten und zerstören!«

»Hm, vielleicht hast du recht. An theoretischen Arbeiten zum Terraforming bin ich ja schon dran. Du hast mir doch vor langer Zeit berichtet, dass irgendein Science-Fiction-Autor die Idee hatte, die Zeppeline der neuen Generation aus Friedrichshafen als Transportmittel auf dem Mars einzusetzen, erinnerst du dich?«

»Klar! Und...?«

»Diesen Gedanken haben wir aufgegriffen!«

»Na, siehst du. Das wurde aber auch Zeit! Junge, versprich mir eins, ich weiß ja nicht, wie lange ich noch zu leben habe, aber wenn du das schaffen solltest, dann denk an mich, bring mir ein Andenken ans Grab!«

Janti öffnet die Augen und blickt auf den Grabstein, in den Händen hält er das Geschenk.

»Opa«, flüstert er, »du weißt, was ich durchgemacht habe?«

Er versinkt erneut und sieht sich im Übungs-Habitat in der Atacama-Wüste, in der Zentrifuge, die ihn zu zerreißen drohte, in der engen Kabine des Düsenjets, den zu fliegen er lernen musste. Wenn er während des Trainings an Simulatoren, während des Büffelns der technischen Einzelheiten seines Spezialgebietes Mars-Fahrzeuge und Wohnkuppel und des Erwerbs einer medizinischen Grundausbildung an seinem Tun zweifelte, sah er das Gesicht seines Opas vor sich und erinnerte sich an das Versprechen, das er ihm gegeben hatte.

Janti kommt wieder in die Gegenwart.

»Opa«, flüstert er, »um ein Haar hätten wir uns erst im Jenseits wiedergesehen! Unser Rover wäre fast mein Grab geworden. Der Zwangsaufenthalt in ihm war schlimmer als der monatelange Flug zum Roten Planeten.«

Janti spürt wieder die Angst, die ihn einhüllte wie der rote Sand, der ihren Rover eingehüllt hatte. Er und eine Kollegin, mit der er sich angefreundet hatte, waren zum Erfahrungsaustausch in der 5 km entfernten chinesischen Station, als plötzlich eine Sturmwarnung gegeben wurde. Ein Sandsturm hatte sich gebildet und näherte sich großräumig ihrem Gebiet. Es lag keine Dringlichkeit vor, aber sie machen sich dennoch auf den Weg in ihre Station, da sie dort notfalls gebraucht wurden. Sie rechneten mit einer Fahrzeit von 1,5 Stunden. Aber der Sturm nahm Fahrt auf, änderte seine Richtung und kam direkt auf sie zu. Die kleine schwache Sonne wurde immer blasser, war bald nicht mehr zu sehen. Die Sicht wurde immer schlechter, die Instrumente arbeiteten nicht mehr zuverlässig. Plötzlich wurde der Rover langsamer, geriet ins Kippen und Rutschen, die Räder drehten durch, der Motor kreischte, sie mussten das Fahrzeug anhalten. Da auch die Temperatur sank, zogen sie ihre Raumanzüge an. Draußen sahen sie nur die dunkelrote Dunkelheit und hörten das Rauschen und Scheuern des Sandes auf der Hülle des Rovers. Funkverbindung war nicht möglich. Nach einiger Zeit wurde es ruhig, der Sturm hörte auf, aber sie konnten außerhalb des Rovers nichts sehen, der Antrieb gab nur ein kurzes Stöhnen von sich, sie bewegten sich nicht. Sie waren in eine tiefe Senke geraten. Sie hatten zwar Luft und Nahrung für etliche Tage, wussten jedoch nicht, wie es draußen aussah, wie die Zustände in ihrer Station waren, ob sie rechtzeitig und überhaupt gefunden und gerettet würden. Trotz der Wärme in ihren Anzügen wurde ihnen kalt, die Kälte des Mars griff nach ihnen, sie wurden unruhig, bekamen Angst, versuchten, sich Mut und Zuversicht zu vermitteln. Apathie überlagerte langsam ihre anfängliche Hektik.

Janti dachte an seinen Großvater in seinem Grab. Ob er je aus seinem Sandgrab herauskommen würde, um seinem Opa das versprochene Geschenk zu bringen?

Unvermittelt und mehr erhofft als erwartet ertönte das rhythmische, rettende Klopfen an der Außenhülle des Rover.

Janti blickt auf den Grabstein seines Großvaters.

Er packt das Geschenk aus und stellt es auf das Grab: ein verschlossenes, versiegeltes Glasgefäß, das er nur unter Auflagen und Sicherheitsmaßnahmen hat herbringen dürfen.

»Opa, hier ist dein Geschenk, ich habe dir roten Sand mitgebracht von deinem geliebten Planeten, du ruhst nicht in diesem Sand, aber er ruht auf dir. Es sind sogar einige Bakterien darin, wir haben auf dem Mars Leben gefunden!«

Meine rote Heimat

Meine Heimat – ich sehe sie in der Ferne, ich schaue immer wieder nach ihr, sie lässt mich nicht los. Regelmäßig komme ich an diesen Ort, auf diesen Berg, um nach ihr zu sehen.

Sie weckt Erinnerungen in mir, Bilder entstehen in meinem Kopf. Jahreszeiten ziehen vorüber, Jahreszeiten, die das Leben meiner Kindheit geordnet und geprägt haben. Wie schön war der bunte Frühling der Heimat mit seinen bunten Blumen. Wie zart der Wind, der sacht und ohne Sand über meine Haut fuhr. Ich liebte es, mir in unserem Garten vom frischen Gras die nackten Füße kitzeln zu lassen und seinen Duft einzuatmen. Meine Eltern unternahmen mit mir Wanderungen in die Berge und erzählten mir, dass sie mal mit Schnee bedeckt waren. Und wie schmeckte meine Haut salzig, wenn ich gegen rollende Wogen des Meeres gekämpft hatte, des Meeres, das viele Städte und Orte bedeckte und jetzt ein sandloses Ufer vor unserer Haustür hatte. Wie erfrischend war nach den monatelangen heißen Sommern der ersehnte Regen, wenn er nicht sauer war. Nur schade, dass er immer öfter in zerstörerische Stürme ausartete.

Besonders beeindruckt hat mich die Sahara mit ihrem endlosen gelben Sand. Der nächtliche prächtige Sternenhimmel lud ein zum Fantasieren, der Mars blinzelte mir immer wieder zu. Ob ich wohl auch mal dorthin fliegen könnte? Diese Vorstellung wurde zum Wunsch, mitzuhelfen beim Terraforming dieses Planeten. Die erste Kolonie von Menschen auf einem anderen Planeten! Arepolis wird sie genannt. Das war doch eine Großtat des menschlichen Geistes! Etwas Positives, Aufbauendes. Und vielleicht einmal nötig als zweite Heimat für die Menschen, falls sie ihre erste zerstören würden.

»Blinzelt sie uns nicht freundlich zu, unsere Heimat, die Erde!?« Das ist ein Nachbar aus Gerst-Stadt neben mir, den ich nicht bemerkt habe.

»Na, ich weiß nicht. Ist es nicht eher ein aufgeregtes Flattern der Augenlider? Sie kennen doch die neusten Nachrichten?«

Ich kann seine Ansicht nicht teilen und wiege bedenklich-bedächtig den Kopf.

»Die kenne ich schon, aber optimistisch wie ich bin, lese ich darin lieber ein vertrauliches Zwinkern mit der Botschaft ›Es wird schon werden‹!« Er wirkt aber nicht ganz überzeugt.

»Also, da bin ich doch sehr skeptisch. Dafür scheint mir die Lage zu bedrohlich, wir haben schon seit zu vielen Mars-Tagen keine Verbindung mehr mit der Erde, und das letzte Raumschiff von dort kam vor 30 Tagen, und immer sind wir vertröstet worden, ein weiteres wäre unterwegs, aber keines ist gekommen!«

Er beharrt trotzig auf seiner Meinung: »Die letzten Meldungen sprachen doch von Waffenstillstand und neuen Vereinbarungen!«

»Na, ich weiß nicht. Bei solch grausamen Kriegen um Wasser, Sand und nicht überschwemmte Gebiete? Wie sollen da Übereinkommen aussehen? Wer kämpft denn da nicht ums Überleben?

Schade, dass der Blick von Alexander Geerst aus der ISS auf unseren blauen Planeten damals den Menschen nicht die Augen geöffnet und das Bewusstsein erweitert hat. Und was hatten die Menschen nicht für optimistische Hoffnungen auf die Bewegung gesetzt, die Greta Thunberg ins Leben gerufen hatte!«

Meine Stimme klingt kummer- und sorgenvoll.

»Greta Thunberg, Greta Thunberg«, sinniert mein Nachbar, »Ihre Enkel leben übrigens jetzt auf dem Mars!«

Wir fallen in Schweigen.

Summt der sanfte Sandsturm nicht eine traurige Melodie?

Ich stehe hier auf der Aussichtsplattform auf dem Olympus Mons. Viele Menschen kommen regelmäßig hierher. Sie kommen häufig mit dem Zeppelin; der ist hier ein gängiges Verkehrsmittel. Das

Magnetbahn-Netz ist im Bau. Ein beliebtes Datum für den Besuch hier ist der 1. Mai, da an diesem Tag vor 50 irdischen Jahren die erste Ansiedlung hier entstand, Arepolis. Die Technik ermöglichte es uns, innerhalb von 30 (immer noch irdischen Jahren) autark zu werden, wobei wir jedoch in regelmäßigem Verkehr mit der Erde verblieben. Es war ein langer und anstrengender Kampf, hier auf dem Mars Fuß zu fassen, insbesondere gegen den unendlichen Sand, vor dem wir uns durch Schutzanzüge schützen. Wir bauten luftdichte Höhlen zu Wohnanlagen aus, wir errichteten überkuppelte, schleusengesicherte Gebäude und ganze, wenn auch kleine, Ortschaften unter großen Kuppeln und legten eine funktionierende Infrastruktur an. Anfangs lebten wir über die Nabelschnur der Mutter Erde und wurden von ihr mit allem Nötigen versorgt. Eine schier unerschöpfliche Quelle von Bodenschätzen bieten auch die Asteroiden, die wir nutzen. Wir sind allerdings auch politisch von der Erde abhängig. Jetzt stehen wir kurz vor unserer Unabhängigkeitserklärung, verfolgen aber weiter die Geschicke unseres Heimat-Planeten, die sich jedoch immer stärker verdüstern. Dennoch verfolgen wir Marsianer hartnäckig weiterhin das große Ziel, unseren roten Planeten erst in einen blauen und dann in einen grünen zu verwandeln, in eine neue Heimat.

Aber wir machen uns große Sorgen um unsere irdische Heimat. Das tun wir wirklich.

Die lächelnde Erde

Das Foto »Lächelnde Erde« wurde von der NASA-Sonde Cassini am 23.7.2013 aus einem der Ringe des Saturn aufgenommen. Es zeigt im oberen Bildrand den Ring und in weiter Ferne einen leuchtenden Stern – die Erde.

Erde, liebe Erde, was lächelst du mich so an
Ich freue mich so, dich anzuschauen
Dein Anblick erfüllt mich mit Schmerzen
Da ich nie mehr auf dir wandeln werde
Dein Anblick erfüllt mich aber auch mit Freude
Denn er wird mein letzter sein
Ich bin der letzte Überlebende auf diesem Schiff
Das von einer schweren Havarie getroffen
Als Teil dieses Ringes den Saturn umkreist
Nur meine Gedanken können zurückfliegen zu dir
Und sie sind schneller als das Licht
Ich sehe dich, meine Heimat, als blaue Perle im All
Unsere Neugier hat uns zuerst die ganze Erde untertan gemacht
Und schließlich uns hierher getrieben
Ich sehe die wogenden Wellen der unendlichen Meere
Die wir mit Schiffen durchpflügt haben, um die Erde zu erobern
Jetzt tragen uns Raumschiffe ins All, um die Planeten als Lebens-
bereich zu gewinnen
Ich sehe die schneebedeckten Gipfel der Berge
Von ihnen aus haben wir hinaufgeschaut in den nächtlichen
Himmel

Und dich, Saturn, als Ziel ausgesucht, und erst einmal die Sonde
Cassini geschickt
Dann wollten wir dich, du schönster der Planeten
Selbst besuchen und uns mit Ruhm krönen
Wie du dich mit deinen Ringen krönst
Du lächelnde Erde, zwinkerst mir zu
Mit dem Versprechen, uns heimzuholen in die Heimat
Damit wir unsere letzte Ruhestätte
In deinem Boden finden
Dein Lächeln dringt in meine Seele
Und die findet erst Ruhe in dir, liebe Erde

Die Touristen

Sanft und gemütlich schwebte das Touristen-Taxi dahin.

Nach ihrer langen Reise waren die beiden Insassen gespannt auf ihre ersten Eindrücke dieser fremden Kultur und Zivilisation.

Sie schauten interessiert auf alles, was sie sahen: wuchtige Monumente, hohe filigrane Türme, gewaltige Gebäude, ausladende Geschäftszentren. Die Stadtbewohner wuselten klein und bunt durch die Straßen und gingen ihren Alltagsgeschäften nach. Der Verkehr lief reibungslos auf drei Ebenen, wobei ihr Taxi je nach Bedarf die Ebene wechselte, auch anhielt, um es ihnen zu ermöglichen, von einer lebensgroßen Holofigur in der Mitte des geräumigen Taxis ausführlicher informiert zu werden.

Große Parkanlagen lagen wie Inseln im Meer der Gebäude und zeigten eine fremdartige Vegetation.

Auf der tiefsten Ebene, wo sie für die Menschen sichtbar waren, erregten die fremden Gäste große Aufmerksamkeit, viele drehten sich nach ihnen um, wiesen andre auf sie hin, winkten ihnen zu und sie winkten zurück.

»Es ist richtig schön hier«, sagte sie zu ihrem Partner, »und so spannend, eine fremde Kultur und Zivilisation kennenzulernen.«

»Ja, trotz der gewaltigen Unterschiede zu der unseren gibt es doch erstaunlich viele Gemeinsamkeiten, das hätte ich gar nicht erwartet. Jedes Volk drückt seine Identität und seinen Charakter zwar anders aus, aber die Ähnlichkeiten sind doch verblüffend.«

»Und wie sich die Entwicklungsgeschichten der Völker ähneln, überall gibt es Kriege und Friedenszeiten und eine Höherentwicklung mithilfe einer Technologie. Das muss ein universelles Gesetz sein. Bin ich froh, dass es zwischen uns nicht zu Auseinandersetzungen gekommen ist!«

»Es ist interessant zu sehen, wie auch sie ihre Technik ihren Bedürfnissen angepasst haben und doch auch an Fremde wie uns gedacht haben.«

»Also, ich muss dir eins sagen, sie mögen ja höflich und aufgeschlossen und fortschrittlich sein, aber ich weiß nicht, ob ich mich je an sie gewöhnen kann, sie sind einfach zu verschieden von uns, schau sie dir doch an, wie sie aussehen, so dünn und hochgewachsen mit kleinen runden Köpfen, widerlich bleich, mit nur vier Gliedmaßen und ganz ohne Schuppen!«

Kommendes Ereignis

Wo sind sie?

Janti saß auf seinem Stammplatz in seiner Stammkneipe und trank sein Feierabend-Bier. »Es geht doch nichts über den ersten Schluck von einem frisch gezapften Pils!«, sagte er zu sich selbst und leckte genussvoll den Schaum von seiner Oberlippe. Jetzt erst hatte er genügend Abstand von seiner Arbeit und sah sich in seiner Kneipe um. Es interessierte ihn, wer so alles kam und ging, vielleicht war ja auch jemand Bekanntes dabei. Da er strategisch günstig mit seinem Rücken zur Wand saß (evolutionsbiologisch sinnvoll, damit er nicht Opfer einer bösen Überraschung wurde, wie er vor Jahren im Unterricht gelernt und sich gemerkt hatte), konnte er sich in Ruhe umschauen. Verblüfft stellte er fest, dass sich außer ihm nur eine Gruppe von jungen Frauen in dem Lokal befand, die ziemlich eng zusammensaßen. Janti fand sie alle recht hübsch und ließ seine interessierten Augen fantasievoll von einer zur anderen schweifen. Da erschien seine Freundin vor seinem inneren Auge, und ihm fiel ein, dass er sie am Abend fragen wollte, ob sie ihn nicht endlich heiraten wollte. Er wusste auch, dass sie darauf schon wartete. Sie hatten vor, eine Familie zu gründen und zwei Kinder zu bekommen.

Da er mitbekam, dass die Frauen sich gedämpft unterhielten, wandte er ihnen wieder seine Aufmerksamkeit zu und versuchte zu verstehen, was sie sagten. Aber er verstand sie nicht. Er neigte seinen Kopf etwas vor und spitzte seine Ohren. Er bekam immer noch nicht mit, was sie sagten. Ihre Sprache kam ihm völlig unbekannt vor und enthielt einige seltsame Laute. Auf einmal tauchten doch vertraute Töne und Wörter auf: »… deutsch reden … sonst misstrauisch … Plan einhalten…andere Gruppen…«. Auf die Brocken, die er kannte, konnte er sich keinen Reim machen und beschloss daher, am nächsten Tag seinen Kollegen und die passende Ausrüstung mitzubringen.

Als dann eine der Frauen sich ihm lächelnd zuwandte, fuhr ein Blitz des Verlangens durch ihn, der sich aber in einem Schock des Grauens entlud, als er plötzlich in eine schreckliche Fratze blickte und gleichzeitig die Worte »Kontrollier dich« hörte und dann doch wieder das hübsche lächelnde Frauengesicht sah.

Was war das? Er hatte mal etwas von Gestaltwandlern gelesen und bekam einen Schreck, so etwas gab es doch in Wirklichkeit gar nicht. Er würde am nächsten Tag mit Freund und Ausrüstung wiederkommen, in der Hoffnung, dass die Frauen auch wieder da sein würden.

Sie waren wirklich wieder anwesend, und er und sein Freund Cosmo auch, mit Ausrüstung. Sie hatten eine kleine versteckte Kamera und ein Richtmikrofon mitgebracht, um mitzubekommen, was die jungen Frauen so erzählten. Eine von ihnen lächelte auch Jantis Freund an, und der bedankte sich gleich leise, aber überschwänglich, dass Janti ihn mitgenommen hatte. Die beiden jungen Männer gaben sich zurückhaltend und plauderten munter und eifrig über Frauen im Besonderen und Allgemeinen. Dabei stellten sie ihre Geräte präzise ein, dämpften ihren Ton, lauschten den Stimmen der aufgeregten Diskussion, die sie nun verstanden, und wurden blass und bleich:

»Ihr hättet die beiden Menschen-Männer nicht so offensichtlich anlächeln dürfen. Jetzt sind sie womöglich zu stark auf uns aufmerksam geworden.

Und seht ja zu, dass ihr eure Mienen unter Kontrolle habt! Wir wollen anziehend wirken und nicht abstoßend.

Also, wir beide haben uns schon entschieden, wir nehmen die beiden dahinten in der Ecke.

Ihr habt's gut, wir anderen müssen uns unter das Volk auf ihrem Matheise-Markt mischen und nach geeigneten Männern Ausschau halten und Kontakt aufzunehmen.

Sie nennen das »anmachen«.

Richtig, aber es ist schon ein recht mühsames Geschäft bei den Menschen.

Ja, aber vergesst nicht, warum wir das tun. Wir retten unsere Rasse. Es war halt ein elendes Pech, dass unsere Männer durch diese unbekannte Seuche unfruchtbar geworden sind.

Aber das Schicksal hat es gut mit uns gemeint, dass es uns diesen Planeten gezeigt hat, dessen Männern im Erbgut unseren fast gleich sind. So können wir unsere Rasse vor dem Aussterben bewahren.

Das Aussenden von Sonden hat sich doch gelohnt.

Ob die beiden dahinten etwas mitbekommen haben?

Das glaube ich nicht, die sind so in ihr Bier – das erinnert mich schon ein wenig an unser Silas – und in ihr Gespräch vertieft.

Ich schlage dennoch vor, wir reden jetzt über andere Dinge …«

Janti und Cosmo blickten sich blass und bleich an. Sie versteckten sich hinter ihren Bierkrügen und kamen überein, umgehend, aber unauffällig das Lokal zu verlassen und die Polizei und die Presse zu verständigen. Sie packten betont langsam ihre Sachen, bezahlten, winkten den Frauen noch freundlich zu und machten sich auf den Weg, bemerkten jedoch nicht, dass auch zwei der jungen Frauen nach ihnen das Lokal verließen.

»Annemie, was sollen wir bloß machen, zwei ganze Tage sind unsere Männer schon weg. So was hat mein Cosmo doch noch nie gemacht. Also ich glaube nicht, dass die Polizei ihnen noch auf die Spur kommt.«

»Nein, Cosma, ich gebe dir recht, das glaub ich auch nicht, ich bin ganz verzweifelt, mein Janti fehlt mir so. Und ich muss dir sagen, die Andeutungen, die er neulich gemacht hat, gehen mir nicht aus dem Sinn!«

»Aber Annemie, das war doch dummes Zeug, was die gefaselt haben. Du weißt doch, die sind doch verrückte Science-Fiction-Fans.«

»Schon, aber wo sind die beiden denn? Sollen wir denn Jantis und Cosmos verrückte Ideen der Polizei erzählen? Das können wir doch nicht machen, Cosma, die lachen uns doch aus!«

»Ach Gott, Annemie, ich stimme dir ja zu, aber hast du nicht die Nachricht von dem unbekannten Flugobjekt gehört und gesehen? War sogar im Fernsehen. Aber keiner hat Genaueres gesehen oder erkannt, so schnell ging alles. Und dann die Meldung von verschwundenen Männern in verschiedenen Orten.«

»Cosma, Cosma, ich glaub, du hast dich von deinem Mann anstecken lassen. Vergiss bloß solche spinnerten Science-Fiction-Fantasiegebilde. Es wird sich alles aufklären, du wirst sehen!«

»Meinst du? Aber wo sind sie bloß?«

Perkeo

Nacirema

1956 veröffentlichte der Ethnologe Horace Miner einen Aufsatz mit dem Titel »Body Rituals among the Nacirema«, in dem er die amerikanische Gesellschaft auf die Art und Weise beschrieb wie Ethnologen fremde Völker beschreiben. Er stellte dar, wie Männer in einem brutalen Ritual täglich ihr Gesicht behandeln oder Frauen ihren Kopf backen. Leser des Aufsatzes sollen entsetzt gewesen sein über solch grausame Rituale und verstanden nicht, dass es sich um amerikanische Männer handelt, die sich rasierten, oder um Frauen, die ihre Frisur gestalteten. »Nacirema« ist »American« rückwärts geschrieben.

Mit dieser Verfremdung wollte Miner seine Anthropologen-Kollegen dazu bewegen, ihre eigene Kultur objektiver zu betrachten.

In der folgenden Geschichte studiert ein außerirdischer Ethnologe die irdische Kultur im Heidelberg des 18. Jahrhunderts.

***

An alle Mitarbeiter der Beobachtungskommission! Dies ist ein vorläufiger erster Eindruck meiner Mission auf Lerks 3. Der ausführliche Bericht wird folgen. Der von meinen sechs über den Planeten verteilten Kollegen auch.

Die »Menschen«, wie sie sich nennen, sind schon erstaunliche Wesen. Es war die richtige Entscheidung, zu diesem Zeitpunkt ihrer Entwicklung eine Überprüfung vorzunehmen. Ihr Entwicklungsstand entspricht in etwa dem unseren vor 500 Umläufen. Nachdem ich mich eine kurze Zeit lang unerkannt unter die Bevölkerung gemischt hatte, beschloss ich, die Identität eines besonderen Individuums anzunehmen, die es mir erlaubte, in den höchsten Kreisen der Verantwortlichen diese Zivilisation im Werden zu beobachten. Dieses Individuum war kleinwüchsig, humorvoll und in der Bevölkerung der Beherrschten und bei den Herrschenden sehr beliebt. Es war stetiger Begleiter und sogar Berater des obersten der Herrschenden, der sich hier Kurfürst nennt. Dieser Titel ist recht kompliziert und wird in dem ausführlichen Bericht erklärt werden, wenn ich ihn denn bis dann verstanden habe.

Ich bin also jetzt Perkeo. Den eigentlichen Menschen dieses Namens habe ich im Schiff zur Hibernierung für die Dauer meiner Rolle untergebracht. Wenn ich ihn wieder aufwecke, wir er da weitermachen, wo ich aufhöre. Damit wird er vermutlich einige Schwierigkeiten haben. Die einfache Bevölkerung liebt mich, da ich sie zum Lachen bringe. Bei den Kindern reicht es, wenn ich einen oder mehrere Überschläge mache. Sie nennen das »Purzelbaum«, und wenn ich sie frage, wo denn der Baum sei, lachen sie und zeigen auf mich. Die Erwachsenen kann ich mit Witzen erheitern, was mir sehr zupasskommt, da wir ja auch Humor haben, ein Beispiel: »Ein Edelmann erwarb ein Paar neue Hosen, aber sie waren ihm zu eng, da rasierte er sich die Beine.« Für diesen Witz bezog ich Prügel von den Edelleuten, aber in der einfachen und armen Bevölkerung rief er Gelächter hervor. Was der Begriff »edel« bedeutet, ist mir noch nicht ganz klar. Reichtum, Macht, Ansehen – aber womit hatten sie das erworben? Sie verwiesen immer auf ihre Geburt. Als ich einmal fragte, ob das ihre einzige Leistung gewesen sei, bezog ich wieder Prügel. Vielleicht sollte ich auch erwähnen, dass eine Hose ein Kleidungsstück für Männer ist. Es ist für die Beine gedacht und besteht aus zwei längeren röhrenförmigen Stücken Stoff, die an einem Ende zusammengefügt sind, und in die Männer ihre Beine hineinstecken. Und so was muss ich auch tragen!

Einmal hatte der Kurfürst große Soldaten aus dem Norden zu Besuch. Als sie zufällig mal an mir vorübergingen, fingen die Umstehenden an zu lachen, da ich den Soldaten nur bis zum oberen Ende der Hose ging, also bis zu Mitte ihres Körpers. Was gab es da zu lachen?

Aber der Kurfürst hält viel von mir und bittet mich oft um Rat. Als er mich fragte, was ich von seinen Plan hielt, in der nahegelegenen Stadt Mannheim ein neues Schloss zu bauen, riet ich ihm dringend dazu. Ich habe mich schon in die Politik eingearbeitet. Das alte Schloss hier in der Stadt Heidelberg liege ja, meinte ich, auf einem Berghang und sei nicht mehr ganz intakt, und ein neues würde seine Ehre und Bedeutung stark vermehren. Meine Meinung gab den Ausschlag für den Umzugsplan. Aber es erstaunt mich immer wieder, dass solche antiken Gesellschaften so organisiert waren, dass einzelne Menschen so viel Macht und Reichtum in ihrer Hand hatten. Vielleicht hat das die Menschen und Völker so aggressiv gemacht. Wobei wohl auch ihre Religion beteiligt ist. Eine Religion ist die Lehre von etwas, an das sie glauben, und das nennen sie Gott, ein, wie sie sagen, »übernatürliches« Wesen. Und von dieser Lehre gibt es zwei Richtungen hier im Land, die beide sagen, ihr Glaube sei der richtige und dafür müssten sie in den Kampf ziehen. Wie kann man Krieg führen über etwas, das man glaubt, das sich also der Wirklichkeit entzieht? Das verstehe ich nicht. In unserer Geschichte gab es so etwas nicht.

Eine besondere Rolle spielt in meinem Leben am Hofe (so nennt man hier das Schloss und alles, was an Menschen, Tieren und Sachen dazu gehört) ein wohlschmeckendes Getränk, das *Wein* heißt. Es wird aus einer Beere gemacht und hat eine angenehme und eine unangenehme Wirkung. Die angenehme Wirkung besteht darin, dass der Wein gut schmeckt, der (menschlichen) Gesundheit zuträglich ist und einen beschwingt und leutselig stimmt, wenn man es in Maßen zu sich nimmt. Die unangenehme wird durch zu viel Wein hervorgerufen und bewirkt eine Minderung der Gehirntätigkeit. Das schätzen hier viele, und auch der Kurfürst neigt dazu, übermäßig viel zu trinken. Natürlich muss ich mitmachen, und wie sich Kurfürst und Höflinge amüsieren und lachen, wenn ich mitspiele! Der Kurfürst hat in einem Kellerraum ein riesiges Fass, gefüllt mit

Wein, und meine Aufgabe besteht darin, täglich 15 Flaschen Wein zu trinken, und man munkelt, ich könne sogar das ganze Fass leer trinken. Wenn ich keine 15 Flaschen trinke, werde ich geprügelt. Bin ich froh, dass ich einen so flexiblen Körper habe! Glücklicherweise kennen die Menschen ja auch unseren Stoffwechsel nicht!

Die Menschen essen natürlich noch Tiere, große und kleine, sie sind ihre Hauptspeise. Sie wissen die Flora ihres Planeten noch nicht gut zu nutzen.

Wie die Menschen sich fortpflanzen, ist mir noch nicht ganz klar. Sie haben zwei Geschlechter, die Männer und die Frauen. Die Männer sind die stärkeren und lassen das die Frauen auch wissen. Sie meinen, die Frauen seien weniger wert und intelligent und ihnen untertan – obwohl die Frauen doch den Nachwuchs zur Welt bringen. Wie sich Männer und Frauen anatomisch unterscheiden, weiß ich noch nicht genau. Aber beide sind für die Fortpflanzung wichtig. Einmal sah ich eine Frau mit offenen Mund vor einem Mann knien und dachte, sie würde ihn beißen. Aber er machte ein so zufriedenes Gesicht, dass ich schnell verschwand, bevor sie mich entdeckten. Ich werde weiter die Augen offen halten, recherchieren und berichten.

Ich muss überhaupt noch viel herausfinden. So sprechen die Menschen hier oft von »Stuhlgang«, und mir ist noch nicht klar, was sie damit meinen. Ich beobachte öfter die Stühle, aber keiner geht. Fragen kann ich nicht, sonst verrate ich mich ja.

Was für erstaunliche Wesen die kosmische Evolution doch hervorgebracht hat! Wie würden die Menschen uns sehen? Wenn ich manche Erzählungen und Berichte richtig deute, würden sie in uns wohl Ungeheuer sehen. In ihrer Religion wird ein solches Ungeheuer erwähnt, es heißt Teufel. Glücklicherweise kennen sie ja meine wirkliche Gestalt nicht. Sie haben Geschichten von Gestaltwandlern, aber das sind alles Ungeheuer, und ich würde mich nie auf ein Experiment einlassen und mich in meiner eigentlichen Form zeigen. Dazu sind die Menschen noch nicht reif.

Xenon, Exo-Ethnologe

Oumuamua – Der Bote

Im Jahr 2017 durchquerte ein Himmelskörper das Sonnensystem und flog nahe an der Erde vorbei. Oumuamua, der Bote, so wurde er genannt, gab und gibt noch Rätsel auf. Er war nicht groß, und seine genauen Maße blieben unbekannt. Er war das erste Objekt in unserem Sonnensystem, das aus dem interstellaren Raum kam, und von außergewöhnlicher, noch nie gesehener Form: zigarrenförmig, unregelmäßig, rau, aber ein genaues Bild von ihm hat man nicht. Um einen Kometen handelte es sich nicht. Oumuamua gab Anlass für Spekulationen und weckte die Fantasie.

Hier ist seine wahre Geschichte:

Dunkelheit, Stille. Entferntes leises Rauschen, dann Flüstern. Das Bewusstsein erwachte langsam. Hatte die Mission ihr Ziel erreicht? Er lauschte genauer, die Stimme wurde lauter, deutlicher, er spürte seinen Körper, er wurde wärmer. Die Kryo-Phase ging zu Ende. Das Flüstern wurde zur Stimme des Schiffscomputers: »Eins-eins, dies ist ein Notfall, deswegen wecke ich dich früher und schneller als vorgesehen!« Sein Bewusstsein war nun wach. Er verließ die Kryo-Einheit und setzte sich in den Kommando-Sessel und wartete, bis sein Körper voll einsatzbereit war. So lange schwieg der Computer.

Sollte die Mission gescheitert sein? Sie war so wichtig, von kosmischer Bedeutung. Viel Zeit hatte die Vorbereitung gekostet, viele Ressourcen. Die besten Köpfe hatten sich dafür eingesetzt. Viele Kandidaten für die Besatzung hatte es gegeben, die besten waren genommen worden und jetzt unterwegs nach Lerks 3. Er würde sie bald wecken lassen. Er merkte, dass sich Eins-zwei in dem Sessel neben ihm niedergelassen hatte. Sie nickten sich freundlich zu.

Der Kapitän, Eins-eins, schaute zum riesigen Bildschirm, auf dem das Zeichen des Computers leuchtete: ein Stern, von dem ein Pfeil auf einen anderen Stern wies. Eins-eins forderte den Schiffscomputer auf: »Deine Meldung, bitte!«

»Eins-eins, dies ist ein gravierender Notfall! Aufgrund eines technischen Defekts, den ich noch nicht genau ergründen konnte, liefern die Aggregate keine Energie mehr und auch die Notenergie wird geringer. Ich lege Ihnen die Daten auf den Schirm und halte Sie auf dem Laufenden. «

»Danke, Scitot, ich bespreche mich erst mal mit dem Eins-zwei.«

Eins-zwei wedelte vor Aufregung mit seinen Ohren und massierte sich mit seinen Händen den ovalen Kopf. »Wie konnte das geschehen? Haben wir das Wurmloch falsch berechnet? Was ist das für ein technischer Defekt?«

»Ich verstehe das auch nicht. Wir haben uns für diese Mission so viel Mühe gegeben.« Eins-eins schaute bitter auf den riesigen Schirm, der die technischen Daten anzeigte. »Schau dir das an, das bedeutet ja wohl, dass wir bald über gar keine Energie mehr verfügen und antriebslos von der Sonne angezogen und in ihr verglühen werden. Glücklicherweise haben wir noch, wenn auch nur für kurze Zeit, die Möglichkeit, in eine Hyperbelbahn einzuschwenken, sodass die Bewohner des Planeten merken, dass es sich bei unserem Schiff nicht um einen natürlichen Himmelskörper handelt. Und wir brauchen ja wohl die Mannschaft nicht zu wecken, so gleiten sie vom Kryo-Schlaf in den Tod und es bleibt ihnen der seelisch-mentale Schmerz erspart, den wir durchleiden.«

Eins-zwei nickte mit dem Kopf und pflichtete ihm bei: »Ich glaube auch, dass das ethisch geboten ist. Wir waren zwar alle gut vorbereitet auf den ersten Kontakt mit einer anderen Spezies im All, aber der allmächtige Schicker hat dieses Schicksal geschickt.«

Die Temperatur im Schiff war, ohne dass sie es bemerkt hatten, gesunken, die Beleuchtung schwächer geworden, die Stimme des

Schiffscomputers leiser: »Ich habe Ihr Gespräch mitbekommen, ich sehe die Dinge wie Sie. Ich habe einen Nanobot mit entsprechender Botschaft nach Hause geschickt. Man wird eine zweite Mission starten, wie es für eine solche Situation vorgesehen ist. Ich werde die Atmosphäre im Schiff aufrechterhalten, solange es geht, Nahrung ist noch genügend vorhanden, Sie dürfen aber auch vorzeitig im All aufgehen, wenn Sie das wünschen, geben Sie mir Bescheid, ich ändere dann die Beschaffenheit der Atmosphäre und schalte mich anschließend ab.«

»Danke, Scitot, so machen wir's. Was meinst du, Eins-zwei, ob unsere Mission ein Fehlschlag war?«

»Nein, das glaube ich nicht«, antwortete Eins-zwei schicksalsergeben. »Die Bewohner von Lerks 3 werden schon bemerkt haben, dass ein außergewöhnliches Raumschiff in ihrem System war und auf den richtigen Gedanken kommen. Allerdings hätten wir unser Schiff vielleicht ganz aus Metall bauen und nicht einen Asteroiden aushöhlen sollen.«

Eins-eins holte tief Luft und seufzte: »Was wäre das für ein kosmisches Ereignis gewesen, wenn wir mit den Bewohnern von Lerks 3 Kontakt aufgenommen hätten und mit ihnen gefeiert hätten, dass wir nicht allein im All sind, sondern dass wir den Kosmos mit anderen intelligenten Wesen teilen!«

Kosmisches Schicksal

Das Beiboot löste sich von dem im Orbit verharrenden Mutterschiff.

Lautlos und langsam schwebte es über die Oberfläche des Planeten dahin. Die Besatzung blickte schweigend durch die durchsichtige Kuppel nach unten. Ab und zu unterbrachen Seufzer und leises Stöhnen die Ruhe. Erschüttertes Kopfschütteln, Gesten der Hilflosigkeit, Fassungslosigkeit auf den Gesichtern.

Die Stimmung brach sich Bahn, Kommentare füllten das Beiboot:

»So hatten wir uns das nicht vorgestellt. Wie können intelligente Wesen so dumm sein!«

»Ja, das hatte sich so nicht abgezeichnet. Die Robot-Sonden, die wir vor längerer Zeit öfter auf diesen Planeten geschickt hatten, zeigten die Aggressivität seiner Bewohner, aber auch ihre recht hoch entwickelte Technologie und Kultur. Das haben auch ihre Spuren auf dem Satelliten dieses Planeten gezeigt.«

»Wir müssen umfassend und genau dokumentieren, was wir sehen und erfahren, damit wir dem galaktischen Rat unsere Empfehlung vorlegen können.«

Sie waren gekommen, um zu erkunden, ob die Spezies der »Menschen«, wie sich die Bewohner dieses Planeten nannten, inzwischen bereit und in der Lage war, in die Gemeinschaft der interstellaren Völker aufgenommen zu werden. Die Gemeinschaft hatte sich wohl zu lange nicht um die Menschen gekümmert, denn die Abgesandten der GIV waren von dem Anblick, der sich ihnen bot, zutiefst überrascht und erschüttert.

Das Beiboot umrundete den Planeten etliche Male, mal in größerer, mal in geringerer Höhe, und die Abgesandten unterzogen ihn erst einmal einer groben Untersuchung. Er schien nicht länger ein von intelligenten Lebewesen bewohnter Himmelskörper zu sein. Er war zerstört, abgestorben, ausgebeutet, trug kaum noch Leben. Seine Atmosphäre war so verschmutzt und belastet und atomar verseucht, dass es kaum vorstellbar war, dass intelligente, Sauerstoff atmende Wesen ihn bewohnt hatten. Seine Durchschnittstemperatur schien ungewöhnlich hoch, und seine Polkappen waren geschmolzen, was den Meeresspiegel hatte ansteigen lassen – deutlich zeichneten sich überflutete Städte und Ansiedlungen ab. Das Wasser der Meere war verdreckt, und Unmengen von Kunststoff-Teilen dümpelten siegreich neben Kadavern von Meerestieren auf der Oberfläche. Große Teile des Planeten waren Wüstenlandschaften, andere zeigten Zerstörungen und Verwüstungen, weitere waren übersät von riesigen Explosionskratern. Ausgedehnte Ruinenfelder waren Zeugen einer Zivilisation, die sich selbst zerstört hatte.

Die Ahnungen der fremden Forscher bestätigten sich.

»Ich kann es nicht fassen, das hätte ich nicht erwartet. Da wartet uns noch eine Menge Arbeit auf uns, wir müssen die Hinterlassenschaften einer ganzen planetaren Zivilisation erforschen, um uns ein genaues Bild zu machen und die Geschehnisse zu rekonstruieren, ihre Technologie, ihren Umgang miteinander.«

»Wir sollten auch recht bald mal landen und uns näher umschauen.«

»Ich schätze mal, dass auch hier, wie auf vielen anderen Planeten, die Evolution die destruktive Richtung eingeschlagen hat und es den Menschen nicht ermöglicht hat, einen konstruktiven Weg zu gehen und ihre Triebe stärker zu beherrschen. Und vielleicht haben auch Religionen sie entzweit, wie damals im Satna-System.«

»Hätten wir nicht doch eingreifen und sie auf den richtigen Weg bringen sollen?«

»Das ist immer wieder unsere ethische Diskussion. Aber wir haben uns nun mal galaxisweit darauf geeinigt, nicht einzugreifen in die Entwicklung einer intelligenten Spezies, auch wenn wir bzw. sie einen hohen Preis dafür bezahlen.«

»Ja, ja, ich weiß, aber wenn die fremde Spezies uns so ähnlich ist wie diese … Schaut euch doch die Bilder der Robot-Sonden an: zwar nur fünf Finger, keine spitzen Ohren, hervorstehende Nase …«

»Das wissen wir doch alles, aber das sind nur Äußerlichkeiten!« Das Beiboot schwebte gemächlich in mittlerer Höhe über ein ausgedehntes verkrüppeltes Waldgebiet, das sich endlos hinzog. Es sah zerzaust aus, wies riesige kahle Stellen auf.

Plötzlich ein erstaunter Ausruf: »Halt, halt, was ist das? Da, eine Bewegung, eine Gestalt!«

Alle wandten sich dem Monitor zu, der die Oberfläche wiedergab, einige traten näher heran. Der Kommandant des Beiboots bat um Ruhe und befahl, das Beiboot anzuhalten. Der Exo-Biologe zoomte das Gebiet, in dem er die Gestalt gesehen haben wollte näher heran, es befand sich genau unter ihnen, aber mit bloßem Auge war nichts zu erkennen. Die Mannschaft begann, ungeduldig zu werden, da erblickte es alle: Zwei Gestalten tauchten kurz aus dem Dickicht auf, schauten blitzartig nach oben und verschwanden wieder. Der Kommandant befahl ein langsames Absinken des Beibootes und sah seine Mannschaft an:

»Wir werden landen und uns die Lage näher ansehen, also eine Gruppe von vier Leuten wird das Beiboot in Raumanzügen verlassen, der Schutzschirm um das Boot bleibt bestehen. Wir bleiben immer in Verbindung.«

Er deutete die vier Mitglieder der Einsatzgruppe aus, den Exo-Biologen, die Spezialistin für fremde Kulturen, die sich mit der Kultur und der Hauptsprache dieses Planeten befasst hatte, den Spezialisten für die Technik der Menschen, den Nexialisten, der für übergeordnete Zusammenhänge zuständig war. Die Schutzschirme ihrer Raumanzüge waren eingeschaltet und sie waren bewaffnet. Der Nexialist sollte im Hintergrund bleiben und die Szene beobachten. Langsam und vorsichtig schritten sie auf den Waldrand zu, immer bereit, sofort zu reagieren. Die Spezialistin für Kultur erhob ihre Stimme und rief in der Sprache, die vor langer Zeit die Hauptsprache dieses Planeten war:

»Wir kommen in Frieden!« Der Raumanzug verstärkte ihre Stimme.

Nichts rührte sich, die Einsatzgruppe verharrte in gespannten Schweigen und ließ die Blicke schweifen.

Die Spezialistin wiederholte ihre lauten, eindringlichen Worte: »Wir kommen in Frieden!«

Plötzlich ein leises Rascheln und Knacken von vorsichtigen Schritten. Die vier Spezialisten zuckten zusammen, ihre angespannte Aufmerksamkeit richtete sich auf die Stelle, aus der die Geräusche gekommen waren. Hatten sie sich doch getäuscht?

»Wir kommen in Frieden!«, schallten die Worte noch einmal dem Waldrand entgegen.

Da brachen drei seltsame Gestalten aus dem Buschwerk hervor und warfen sich vor der Gruppe auf den Boden. Und was für Gestalten! Grobschlächtig, schmutzig, zerfledderte Kleidung, kahle Köpfe, zerfetzte, einem Umhang ähnliche Tücher um den Körper. Der Mittlere hielt in der Hand einen länglichen Gegenstand. Sie hielten die Köpfe gesenkt.

Die Spezialistin für Kultur wandte sich über den Helmfunk an ihre Kollegen:

»Was der in der Mitte in der Hand hält, sieht aus wie eine von den Schusswaffen, die sie früher benutzt haben. Und schaut euch die Hände an, einige haben vier, andere sogar sechs Finger.«

Der Nexialist versuchte, diese Tatsache zu erklären: »Das könnte auf eine Mutation durch atomare Verseuchung hindeuten. Was die jetzt wohl vorhaben?«

Die drei Menschen lagen still und unbeweglich. Nach einigen langen Augenblicken hob der Mittlere kurz den Kopf, und die Forscher hörten über die Sensoren ihrer Schutzanzüge ein lautes Schnaufen. Dann erhob sich der Anführer auf seine Knie, streckte beide knochigen Arme der Gruppe entgegen und sprach einige Worte, die nur die Spezialistin verstand. Die anderen wollten wissen, was er gesagt hatte, und sie wandte sich ihnen mit ernstem Gesicht zu, holte tief Luft und antwortete: »Er hat gefragt: ›Kommt ihr, um uns zu erlösen, seid ihr Götter?‹«

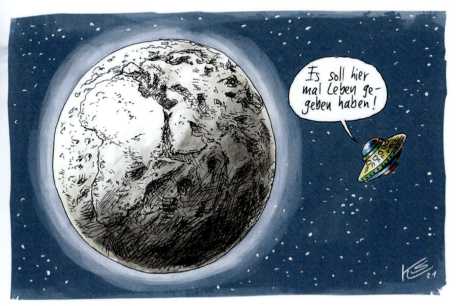

Karikatur von Klaus Stuttmann

Das Reservat

»Feuerfreigabe«, bestätigte der Bordcomputer monoton, »Abschuss in 3, 2, 1 Sekunden!« Und schon klinkten sich die vier Raketengeschosse von unseren Tragflächen los und rasten auf ihr Ziel zu: Das riesige unheimliche Gebilde sah aus wie zwei Teller, deren Oberseiten aufeinandergelegt waren.

Tausende solcher Raumfahrzeuge waren plötzlich in unserer Atmosphäre aufgetaucht, metallisch golden glänzend hingen sie in der Luft, um den ganzen Erdball verteilt, rührten und regten sich nicht, reagierten nicht auf Versuche einer Kontaktaufnahme. Als dann einige dieser Maschinen vorbeifliegende Flugzeuge von uns verschwinden ließen oder gar langsam herabsanken auf den Erdboden und auf einem großen kreisrunden Gebiet jegliche Zeichen menschlicher Existenz beseitigten, beschloss unsere Regierung – und die der anderen Länder auch –, zu handeln.

»So«, meinte der Co-Pilot grimmig, »das wird ihnen ja wohl etwas zu denken geben!« Aber wir rissen verzweifelt die Augen auf, als nichts geschah, die Raketengeschosse schienen sich aufzulösen, als würden sie absorbiert. Und wir verloren das Bewusstsein und wachten in diesem Reservat wieder auf.

Dieses Geschehen musste ich den Kindern und Enkeln immer wieder erzählen, sodass ich beschloss, die Anfänge der Geschichte der zweiten Menschheit festzuhalten, damit die Erinnerung an die erste Menschheit nicht verloren geht.

Als ich aufwachte, stand ich vor einem Haus in einem Dorf, hinter mir meine Familie. Ich blickte die Straße entlang und sah überall Männer, Frauen, Kinder, Haustiere vor den Türen stehen.

Alle blickten ratlos und sorgenvoll um sich. Die meisten waren mit ihren Familien zusammen. Wir kamen miteinander ins Gespräch und hatten ähnliche Schicksale: herausgerissen aus irgendeiner Umgebung oder Tätigkeit, aber hier wieder in bekanntem Umfeld vereint.

Wir tauschten Informationen aus und machten uns vertraut mit unserer Umgebung und mit den Geschehnissen. Eine gewaltige Flotte von Außerirdischen hatte die Erde eingeschlossen, und einige von ihnen waren gelandet und hatten von ihr Besitz ergriffen. Die Außerirdischen waren von humanoider Gestalt und Erscheinung, etwa zwei Meter groß, trugen lange tunikaähnliche Gewänder, die verschiedenfarbig metallisch glitzerten und zwei unterschiedliche Geschlechter erkennen ließen. Sie waren freundlich und friedfertig, setzten aber ihre Pläne und Vorstellungen mit der sanften Gewalt ihrer unüberwindlichen Technik und Macht durch.

Riesige Holo-Schirme tauchten über Nacht dicht verteilt in unserem Reservat auf und lieferten uns Informationen, Nachrichten und Bilder, unterbrochen von einer seltsamen, sphärisch klingenden exotischen Musik. Diese Holo-Schirme konnten nicht abgeschaltet oder zerstört werden, obwohl es oft versucht wurde, insbesondere von jungen Leuten, die durch sie hindurchliefen oder Gegenstände hindurchwarfen. Nach und nach vervollständigten immer mehr Puzzleteile das Bild unserer Lage.

Die Virenten, wie sie sich nennen, richteten über die Holo-Schirme eine längere Erklärung an uns, natürlich in den verschiedenen Sprachen unseres Planeten.

»Bewohner des dritten Planeten der Sonne Merks, wie wir sie nennen! Wir sind gekommen, um diesen Planeten vor euch und euch selbst zu schützen. Wir lassen nicht zu, dass ihr ein solches Juwel des Kosmos zerstört. Ihr wisst selbst, dass ihr auf dem Wege dazu seid. Erde, Wasser, Luft sind in einem erbarmungswürdigen Zustand. Wir werden euren Planeten heilen, den größten Teil von ihm der Natur zurückgeben und ihn umgestalten in eine Oase der Erholung und Entspannung, die auch andere hoch entwickelte Spezies nutzen können. Wir lassen auch nicht zu, dass aggressive Wesen wie ihr sich mit Kampf, Krieg und Vernichtung im All ausbreiten. Wir haben euch in Reservaten untergebracht und bestimmen die Grenzen eurer Freiheit. Ihr habt eure Freiheit dazu missbraucht, euch gegenseitig umzubringen und den Planeten zu zerstören. Mit solchen Reservaten kenn ihr euch ja aus. Ihr werdet ohne gefährliche Hochtechnologie auskommen, aber die Versorgung mit allem Nötigen und sogar ein wenig Luxus ist sichergestellt und auch für eure Gesundheit wird gesorgt. So große soziale Unterschiede, wie ihr sie zum Schaden eurer Gesellschaft zugelassen hattet, werden nicht mehr geduldet. Da passen wir auf. Eure Sonne liefert für alles genügend Energie. Mit vielen eurer Spezialisten werden wir zusammenarbeiten. Da der Planet eure übergroße Bevölkerungszahl nicht tragen kann, werden viele von euch auf andere Planeten und Monde umgesiedelt, die wir zu diesem Zeitpunkt einem Terraforming unterzogen haben. Alle unsere Maßnahmen werden ohne Mord und Totschlag, sondern mit sanfter Gewalt durchgeführt. Wir halten euch über diese Kommunikatoren, über die ihr auch uns erreicht, auf dem Laufenden.«

Wir richteten uns in den neuen Gegebenheiten ein und erhielten sogar wichtige Dinge unseres alten Lebens zurück. Immer öfter besuchten uns Gruppen von Virenten, die sich für unsere alte Geschichte interessierten. Sie kauften oder tauschten Dinge unseres alten Alltagslebens, so z.B. Kerzen, Taschenmesser, Fernsehgeräte, und gaben uns Dinge ihrer fortgeschrittenen Welt, z.B. ein Feuerzeug, das ein Leben lang zündet, Fenster, die kühlen oder wärmen, kleine Spielzeug-Roboter für die Kinder. Natürlich gab es immer mal wieder Versuche, einen Aufstand zu organisieren. Die hatten aber nie Erfolg. Sogar in unserem Ort versuchten einmal einige Männer, ein Virentenpaar, das sich unsere Welt anschaute, zu überfallen und gefangen zu nehmen, wobei sie Schusswaffen, Elektroschocker und Säure einsetzten. Aber die Kleidung der Virenten verfügt über einen hautengen Schutzschirm. Die Attentäter blieben natürlich erfolglos. Sie wurden festgenommen und in einem

Verfahren mit Beteiligung irdischer Anwälte verurteilt, das wir auf den Holo-Schirmen verfolgen konnten. Die Täter wurden auf die menschlichen Siedlungen anderer Planeten und Monde verbracht.

Mit andächtigem Staunen konnten wir auf den Holo-Schirmen miterleben, wie unsere Erde sich im Laufe der Zeit zurückverwandelte und von der Natur zurückerobert wurde. Von einer verbesserten ISS, die die Virenten uns gelassen hatten, konnten wir die Renaturierung unserer Erde mitverfolgen. Die Wälder wuchsen, die Atmosphäre wurde rein, die Meere sauber, Abbaugebiete verschwanden, die Zahl der Straßen, Bahntrassen und Flugkorridore verringerte sich. Das einzige Verkehrsmittel, das wir sahen, waren leichte, schwebende, computergesteuerte Fahrzeuge, die Ufos ähnelten. Wir vermeinten, auf einen ausgedehnten Park zu blicken. Die starke, sanfte Technik der Virenten bezog ihre Energie aus der Sonne und ihre Rohstoffe aus dem Asteroiden-Gürtel und dem restlichen Sonnensystem. Sie schuf die Erde neu.

Ein Politiker aus unserer früheren Geschichte meinte einmal: »Lieber arm und frei als reich und unfrei.« Diese Entscheidung ist uns genommen, wir sind recht reich, aber unfrei. Ob wir uns wohl moralisch etwas höher entwickeln können, um in die übergeordnete Gemeinschaft hoch entwickelter Wesen aufgenommen zu werden? Wird es einmal eine dritte Menschheit geben?

Opa erzählt

»Opa, Opa, bitte erzähl noch mal die Geschichte von lange, lange her!«

»Ja, bitte, lieber Opa, und wieder mit einem Picknick unter unserem großen Baum! Wir haben schon eins vorbereitet!«

»Aber Kinder, die hab ich doch erst vor ein paar Tagen erzählt und überhaupt schon so oft. Ihr kennt sie doch schon auswendig.«

»Bitte, lieber Opa, wir hören so gern die Geschichte aus der alten Zeit, als es noch Meschis gab.«

»Es heißt ›Menschen‹, liebe Murida, ›Menschen‹, und jetzt roll deinen Schwanz etwas ein, damit niemand über ihn stolpert. Ihr habt aber ein tolles Picknick vorbereitet. Also gut, ihr Lieben. Ihr wisst, diese Geschichte ist ur-ur-alt und ich kenne die von dem Großvater meines Großvaters. Die Menschen waren hochgewachsen und gingen auf zwei Beinen.«

»Aber sind sie denn da nicht umgekippt?«

»Sei ruhig, Muscula, und unterbrich Opa nicht. Sie sind eben nicht umgekippt. Wir haben doch in einer Ruine ein Bild von ihnen gesehen!«

»Richtig, sie sind nicht umgekippt, sie konnten auf ihren zwei Beinen das Gleichgewicht halten. Ihr Kopf war ganz oben auf der Schulter, sodass sie einen guten Überblick hatten, und zwei Arme mit Händen hatten sie, damit konnten sie gut greifen und arbeiten.«

»Aber das können wir doch auch mit unseren Vier-Finger-Pfoten!«

»Stimmt, zwar nicht ganz so gut, aber immerhin. Und was sie alles gemacht haben, seht ihr ja jeden Tag. Diese großen zusammengefallenen Bauten, die sie Häuser nannten und in denen ihr so gern rumtollt und Überbleibsel der Menschen sucht, oder diese langen glatten Flächen, die sie Straßen nannten, auf denen ihr gerne Wettrennen macht und auf denen diese künstlichen Gebilde stehen …«

»… das sind Autos, in denen konnten sie sitzen und sich transportieren lassen, nicht wahr, Opa?«

»Richtig, Rattus, das hast du dir gut gemerkt. Aber alles, was die Menschen mal gebaut und gemacht haben, ist zum großen Teil verschwunden oder kaputt, und sie selbst sind verschwunden, wohl ausgestorben. Wir haben noch viel zu erforschen von dem, was von den Menschen übrig geblieben ist. Aber bedenkt, wir haben ihnen geholfen, Waffen und Krankheiten zu finden, und dennoch waren sie unsere Feinde, sie konnten uns nicht leiden und haben uns verfolgt. Sie haben Gift ausgelegt, um uns zu töten …«

»Verdammte Menschen!«

Opa strich langsam über seine langen Barthaare.

»Vorsicht, Vorsicht, du weißt, was wir ihnen zu verdanken haben. Wie schlimm es auch klingt, sie haben mit uns Experimente angestellt und uns geholfen, uns höher und weiter zu entwickeln. Unsere Vorfahren von vor langer Zeit, konnten ja nicht reden, lesen und schreiben. Das können wir jetzt und wir lernen immer noch von dem, was die Menschen uns hinterlassen haben, wir sind ihre Erben.«

»Warum sind sie denn ausgestorben?«

»Das ist eine schwierige Frage, und unsere Wissenschaftler haben noch keine endgültige Antwort darauf. Einige meinen, eine schlimme Seuche habe sie dahingerafft; andere sagen, sie hätten sich mit ihren Waffen umgebracht. Ihr erinnert euch, was Waffen sind?«

»Ja, das waren doch lange, spitze Gegenstände, die sie in andere Menschen hineingestoßen haben. – Oder lange Rohre, mit denen sie kleine Eisenkugeln aufeinander geschossen haben. – Oder kleine Metall-Eier, die explodiert sind und Menschen getötet und Dinge kaputt gemacht haben. – Oder Kanonen, aber ich weiß nicht mehr, was das sind. – Und sie hatten fliegende Maschinen, aus denen sie …«

»Ist gut, Kinder, ich sehe, ihr wisst Bescheid. Nicht zu vergessen die Atombombe, die ganze Landstriche zerstören konnte. Ja, und einige von unseren Wissenschaftlern sind der Ansicht, die Menschen hätten die Erde ausgeplündert und kaputt gemacht, sodass sie nicht mehr auf ihr leben konnten. Vielleicht werden wir es nie herausbekommen. Die Menschen waren auch sehr aggressiv und verstanden es nicht, ihre Gesellschaft so vernünftig und friedlich zu ordnen wie wir.«

»Ja, sie kämpften gegeneinander und haben sich gegenseitig getötet. Das nannten sie Krieg, nicht wahr, Opa? Warum führten sie Kriege?«

»Sie wollten immer die Stärksten sein und andere beherrschen, sie wollten immer mehr Land, sie glaubten an sogenannte höhere Wesen und wer ihren Glauben nicht annehmen wollte, der wurde getötet. Und es gab zu viele Menschen und alle wollten alles und so haben sie die Erde ausgebeutet und zerstört.«

»Wir werden die Erde aber nicht kaputt machen, nicht wahr, Opa?«

»Nein, wir haben ja ein abschreckendes Beispiel vor Augen!«

Blumen im Weltraum

»Opa, warum blühen im Weltraum keine Blumen?«

Unvermutet stellte mein Enkel Janti mir diese Frage. Janti war fünf Jahre alt, blond gelockt und wissbegierig, neben ihm stand seine kleinere, schwarzhaarige Schwester Plina. Für sie war Janti das große Vorbild. Wir drei waren allein in einem der vielen Aussichtsräume der Arche und blickten durch das riesige Panorama-Fenster hinaus in die von Myriaden von Sternen gesprenkelte dunkle Unendlichkeit des Universums.

»Wie kommst du gerade jetzt auf diese Frage?« Ich blickte ihn verwundert an.

»Wir haben in der Vorschule auf dem Schuldeck einen Holo-Film über die Erde angeschaut. Die haben von Frühling und von Blumen erzählt«, antwortete er ganz aufgeregt. »Und auch von einem blauen Band. Das sehe ich aber nicht.«

»Das blaue Band ist symbolisch gemeint.«

»Was ist ›symbolisch‹?«, fragte er eifrig nach. »Und war das Blau so blau wie …?

»Nun«, ich suchte nach passenden Worten, »mit dem blauen Band meint man den Himmel.«

»Was ist ein Himmel? Der Weltraum ist doch schwarz.«

»Schon, aber es gibt doch keine Luft dort. Wir müssen ja auch Raumanzüge anziehen, wenn wir unser Schiff einmal verlassen wollen, für Reparaturen oder so.«

»Aber dennoch«, beharrte er mit ernster Miene, »es könnte doch auch Weltraum-Blumen geben!«

»Ja, Weltraum-Blumen«, plapperte Plina nach.

Wie sollte ich einem Fünfjährigen das alles bloß so verständlich machen, dass er es verstehen konnte?

Seine Welt war unser Generationen-Schiff, die »Arche 1«, und wir waren unterwegs zur »Zweiten Erde«, einem Exo-Planeten, der der alten Erde sehr ähnlich ist. Wir flogen in einem Verbund mit drei weiteren Generationen-Schiffen, der »Arche 2«, der »Arche 3« und der »Arche 4«, auf relativ nahe beieinander liegenden Flugbahnen dem 100 Lichtjahre entfernten Ziel entgegen. Wir hatten mittlerweile nach etlichen Jahrzehnten unsere Reisegeschwindigkeit erreicht und würden noch mehr als 200 Jahre unterwegs sein, bevor wir unsere neue Erde erreichen würden. Für mehr als sieben Generationen würde die »Arche 1« Heimat und Welt sein. Die während des Fluges geborenen Kinder kannten die Erde, die wir hatten verlassen müssen, nur von den Holo-Filmen. Mit uns flog die Hoffnung der sterbenden Erde, der zurückbleibenden Menschen. Unsere Gattung musste überleben. Ich erinnerte mich nur ungern an die Holo-Filme und die Texte, die von den immensen Schwierigkeiten und Problemen erzählen, die unserem Start vorausgingen. Welch Glück, dass die irdische Technik rechtzeitig den interstellaren Photonen-Antrieb und die Kernverschmelzung in Kraftwerken entwickelt hat und beherrscht. Die sozialen Probleme die durch die Auswahl derjenigen entstanden, die die Schiffe besteigen durften, waren ungeheuerlich. Jedenfalls wurden Familien, Paare und allein Lebende aus den verschiedensten sozialen Schichten und Berufen und aus den verschiedensten Ländern und Gebieten der Erde an Bord genommen und sorgten jetzt dafür, dass das Leben an Bord »normal« verlief. Jedes Schiff war eine Erde in Miniatur und ermöglichte durch eine konstant gehaltene Bevölkerungszahl ein jahrhundertelanges Überleben, bis eine zukünftige Generation einmal unser Ziel erreichen würde, hoffentlich in dem Zustand, den wir uns vorstellten, nämlich eine zweite Erde. Unsere irdische Vergangenheit wurde aufbewahrt in dem riesigen Bordcomputer (warum der »Aristoteles« heißt, ist mir entfallen) und fiel langsam in eine dunkle Vergessenheit, während wir rasend schnell durch das schwarze All flogen.

Von all diesen Dingen wussten Janti und Plina nichts. Für sie gab es nur unser Leben in der »Arche 1«. Von der Schule brachten sie viele Fragen mit, über die sie mit ihrem alten Opa sprechen wollten; und auch die vielen Holo-Filme ließen mehr Fragen offen, als sie beantworteten.

Da ihre beiden Eltern vor einiger Zeit bei Außenarbeiten am Schiff verunglückt waren, zog ich sie auf, natürlich mit Hilfe unserer Wohneinheit. Es bereitete mir ein großes Vergnügen, ihnen durch meine Erzählungen persönlichen Zugang zur Vergangenheit zu verschaffen und auch viele Dinge des täglichen Lebens an Bord unseres riesigen Schiffes zu erklären. Aber immer wieder kamen die Kinder mit Fragen, die mich zum Nachdenken und sogar in Erklärungsnöte brachten.

Von dem entsetzlichen Problem, das uns Erwachsenen den Atem nahm, wussten sie natürlich nichts. Von der »Arche 2« war vor Kurzem die Hiobsbotschaft gekommen, dass ganz plötzlich ein großer technischer Notfall eingetreten war. Ihr zentraler Reaktor hatte Unregelmäßigkeiten in seiner Arbeit aufgewiesen, die sich rapide verschlimmerten. Das technische Personal konnte sie sich nicht erklären und bekam sie auch nicht in den Griff. Es gab zwar Notfallpläne einer Evakuierung in Beibooten. Aber wie die zu bewerkstelligen waren und mit welchem Ergebnis, das stand im wahrsten Sinne des Wortes in den Sternen. Die brauchten ja auch Zeit, und die raste ihnen schneller davon, als die »Arche 2« flog.

»Ja, weißt du«, ging ich auf seine Frage ein, »die Erde war doch unser Heimatplanet, und der war eingehüllt in eine Luftschicht und wenn das Licht der Sonne in die hinein schien und man nach oben blickte, dann sah das manchmal aus wie eine hellblaue Decke über uns, so hellblau wie unsere Bordkombinationen. Und wenn es dann manchmal einen starken Luftzug gab …«

»Das war ein Wind, nicht wahr, Opa? So …«, Janti blies die Backen auf, pustete.

»Richtig, dieser Luftzug wurde ›Wind‹ genannt.«

»Winde weh'n, Schiffe geh'n …«, sang die kleine Plina unvermittelt eine Melodie, deren Text sie nicht verstand.

»… und wenn der wehte, dann hatten die Menschen den Eindruck, dass ein blaues Band wehte. Diese Jahreszeit nannten sie ›Frühling‹, weil alles wieder anfing zu wachsen und zu blühen, insbesondere auch die bunten Blumen. Aber das habt ihr doch sicherlich alles gesehen und gehört.«

»Ja, aber warum haben wir nur so wenige Blumen in unseren Hydro-Gärten?«

»Wir haben nicht so viel Platz auf unserem Schiff, deshalb konnten wir nur von einigen Blumen die Samen mitnehmen.«

»Schade, sie sehen so schön aus.«

»Da hast du recht, aber ihr wisst ja, das ist mit allen Pflanzen so und mit den Tieren auch.«

»Ja, und wenn sie kaputtgehen, die Blumen, dann heißt das ›welken‹, nicht wahr, Opa?«

»Genau so ist es.«

Wir schwiegen und blickten auf die Sterne und die Sterne funkelten uns an, sagten aber nichts, sie sagten nie etwas. Strahlten sie einen Schimmer Hoffnung aus? Hoffnung, dass wir Menschen überleben würden, um dem All einen Sinn zu geben? Mir wurde immer wieder klar, dass wir der bewusste Teil des Universums waren. Wir bestanden aus dem gleichen Stoff wie die Sterne und Planeten und alle Materie und wir würden einmal wieder in ihre Zustandsform zurückkehren. Das war unsere Unsterblichkeit. Wir schossen unsere Toten in einem Sarg in den Weltraum, irgendeine Sonne fing sie dann ein und in ihr vergingen sie.

Was in den Köpfen der Kinder wohl vor sich ging? Sicherlich schwebten dort viele bunte Blumen umher.

Es war immer wieder ein wunderbarer, Ehrfurcht gebietender Anblick, ein Blick in die Ewigkeit.

Ich suchte nach dem Schiff, von dem ich wusste, dass es in so großer Gefahr war. Ich fand es als hell leuchtenden Punkt, der die Sterne überstrahlte, und hatte immer noch die Hoffnung, dass die technische Mannschaft der »Arche 2« den Schaden unter Kontrolle bringen würde.

»Ist das nicht immer wieder ein wunderbarer Anblick?«, fragte ich.

»Ja«, antwortete Janti, »aber ich suche immer noch nach Blumen. Vielleicht kann ich ja doch welche finden.«

»Ich will auch Blumen sehen«, mischte Plina mit.

»Da!«, Jantis Stimme überschlug sich plötzlich vor Aufregung. »Opa, schau, Opa, Opa, da – eine Blume im Weltraum!« Sein Zeigefinger schoss vor und prallte gegen das Panzerglas.

»Au ja, au ja,« Plina zappelte vor Aufregung und ihre Stimme quietschte. »Da! Da! Opa!«

Der Stern, der die anderen überstrahlte, strahlte noch heller und wuchs und wuchs und wurde gelblich und dann langsam rot. Er öffnete sich wie eine Blume, die ihre Blüte öffnet – nur im Zeitraffer-Tempo. Und was war das? Kleine Blitze zuckten aus der Blüte hervor in unsere Richtung. Rettungsboote?

Jantis Stimme wurde leise und andächtig: »Eine Blume, eine rote Blume im Weltraum! Opa, ist das ein Symbol?«

Entsetzen lähmte meine Gedanken und Worte. Ich starrte stumm auf diese rote Blume des Todes. Ich vernahm kaum den hellen, auf- und abschwellenden Ton der Bordkommunikation. Die Kinder starrten mich an, eine Ahnung überzog ihr Gesicht. Sie waren still geworden und schmiegten sich an mich. Ich barg sie in meinen Armen und wir machten uns auf in unsere Wohneinheit.

Plina fasste meine Hand ganz fest und Janti blickte zu mir hoch und fragte leise und mit weiten Augen:

»Opa, verwelkt die Blume jetzt?«

Blumen im All

Die Initiation

»Was machst du denn da, Janti?«, fragte mich Großvater, als er in meinen Raum trat. Sein Klopfen hatte ich wohl überhört.

»Das siehst du doch, ich bereite meinen Raumanzug vor.«

»Und wofür?«

»Für einen Aufenthalt draußen im All. Habe ich dir nicht davon berichtet?«

Großvater schüttelte verwundert den Kopf. »Nein, jedenfalls keine Einzelheiten. Hör mal, du kannst doch nicht so einfach nach draußen spazieren und im Weltraum herumschweben.« Seine Gesten unterstrichen seine Worte.

Hatte ich vergessen, ihm von meinem Projekt zu erzählen? Meine Stimme durfte nicht verraten, dass ich etwas ungehalten war.

»Nein, natürlich nicht. Ich unternehme diesen Aufenthalt als Teil der Initiation und die Initiationsleitung hat ihn genehmigt, und die Schiffsleitung auch.«

Mein Großvater fiel aus allen kosmischen Wolken. »Und was sagt Aristoteles dazu?«

»Unser Schiffshirn hat mich für geeignet erklärt, an einer Initiation teilzunehmen. Opa, ich bin 16!«

Großvater holte tief Luft und wischte sich eine schwarze Tolle von der Stirn. »Kapitaler Kosmos! So weit hatte ich gar nicht gedacht!«

An ihrem 16. Geburtstag teilt unser Zentralrechner allen jungen Menschen mit, dass sie an der »Initiation« teilnehmen können, einer sportlichen, psycho-mentalen Übung, die junge Menschen auf anspruchsvolle Tätigkeiten auf und insbesondere außerhalb der Arche vorbereiten soll. Und da ich die Ausbildung zum Raumfahrer machte, nahm ich an den entsprechenden Lehrveranstaltungen teil, wobei ich langsam begann, auch religiöse Aspekte in der Initiation zu sehen.

Hatte Großvater vergessen, dass ich ihm von meinem Plan erzählt hatte? Vielleicht hatte er ihn verdrängt, ich nehme an, auch deshalb, weil er nicht gerne sah, was ich vorhatte. Das verstand ich auch, da unsere (ich habe eine jüngere Schwester namens Plina) Eltern, auch sie Raumfahrer, bei einem Arbeitseinsatz an der Außenhülle der Arche ums Leben gekommen waren.

»Nun, ja«, meinte ich, »jetzt weißt du, warum ich meinen Raumanzug inspiziere, und du hast doch wohl nichts gegen meine Absicht, oder?«

Opa holte tief Luft. »Nein, natürlich nicht, mein Junge. Aber bist du dir auch im Klaren darüber, was genau dich erwartet? Die Einsamkeit? Die Entfernung? Die Unendlichkeit? Die Angst? Du könntest Opfer des Weltraumkollers werden!« Opas Miene drückte seine Sorge aus.

»Aber, Opa«, ich umarmte ihn beruhigend, »wir sind genau unterrichtet worden und haben auch Berichte von Mitgliedern der Eliteeinheit gehört. Das hat mein Interesse nur vergrößert und mich in meiner Absicht bestärkt. Und gerade der Einsamkeitstest reizt mich. Wenn man den besteht, hat man absolutes Selbstvertrauen und lässt sich von nichts mehr unterkriegen.«

»Na gut, Janti, du weißt ja, warum ich so reagiere, aber ich merke auch, wie ein kleiner Stolz auf dich in mir zu wachsen beginnt. Geh nur deinen Weg, der Aufenthalt im All wird dich stärken und reifen lassen. Wenn ich irgendetwas für dich tun kann …«

»Das ist nicht nötig, Opa, wenn ich deinen Segen habe und du hinter mir stehst, dann tut mir das schon gut.«

»Wenn du ›meinen Segen‹ hast, Junge, wo hast du denn diesen alten Ausdruck her?«

»Vom Unterricht, Opa, wir haben uns in der letzten Zeit etwas mit den alten Sprachen der Erde beschäftigt und jetzt weiß ich auch, dass wir eine weiterentwickelte Form der alten terranischen Sprache Inlisch sprechen …«

»… du meinst wohl ›Englisch‹ …«

»… meinetwegen auch ›Englisch‹, und außerdem interessiere ich mich doch auch ein wenig für Religion, und dieser Ausdruck hat ja etwas damit zu tun.«

Opa nickte voller Verständnis: »Richtig, und wenn ich mich recht erinnere, auch etwas mit All und Kosmos und den willst du ja intensiv erleben und erfahren.«

»Genau.«

Ich liebe meinen Opa. Er hat uns, meine Schwester Plina und mich, mit seinen sanften, pfiffigen Augen immer liebevoll angeschaut und mit Humor und Zuwendung zur Seite gestanden. Ich hatte einmal Bilder von alten Männern auf der Erde gesehen und war erstaunt, dass sie Falten im Gesicht und graue Haare hatten, dass man also sah, dass sie alt waren. Als ich meinem Opa davon erzählte und ihm sagte, man sähe ihm sein Alter nicht an, lachte er nur und meinte, auch da könne ich sehen, was medizinischer Fortschritt bewirkt.

Als ich zur Schleuse kam, stand der vorgesetzte Offizier schon da und lächelte mich durch das Visier seines Raumhelmes aufmunternd an. Über Funk hörte ich seine Stimme, die mir freundlich zuredete, aber ich blickte ins All und war mit meinen Gedanken noch bei meinem Opa und seiner liebevollen Sorge, die mir guttat.

Es würde alles gut gehen, dessen war ich mir sicher. Ich war gut vorbereitet und trainiert, und auch die entsprechenden Meditationsübungen hatten mir sehr geholfen. Wenn ich diesen Test bestand, würde ich Mitglied der Elite-Einheit, und das wollte ich unbedingt. Dieser Wunsch war in mir aufgekeimt, als ich mich etwas mit der Geschichte und dem Schicksal meiner Eltern befasst hatte. Er wuchs und wuchs und wurde zur Passion.

Was wohl aus meiner Freundin Velina wurde? Sie hatte das gleiche Ziel vor Augen, und wir waren uns während der Ausbildung etwas näher gekommen. Ihre schlanke Gestalt in lindgrüner Bordkombination, ihr dunkelblondes Haar, ihr engelhaftes Gesicht mit den melancholischen Augen, hatten gleich meine Aufmerksamkeit geweckt. Ihr zaghaftes, aber interessiertes Lächeln machte mir Mut und ich sprach sie an. Wir fanden sogleich Gefallen aneinander, und schon erste Gespräche zeigten eine erstaunliche Verbundenheit auf. Wir lagen auf einer Wellenlänge und kamen gut miteinander aus. Bald stellten wir fest, dass wir neben dem Wunsch, Raumfahrer zu werden, noch andere gemeinsame Interessen hatten, nämlich die alte terranische Geschichte und Religion, wobei Velinas religiöses Interesse leicht esoterische Züge aufwies.

Sie hatte mir anvertraut – und ich musste ihr versprechen, niemandem davon zu erzählen –, dass sie sich ihrer Sache nicht so sicher und auch ein wenig ängstlich war. Ihre Angewohnheit, immer wieder »Was meinst du?« zu sagen, wenn wir uns unterhielten, hatte mich schon stutzig gemacht. Sie war in sich und in ihrem Vorsatz nicht so gefestigt und suchte daher gern meine Nähe.

Sie war kurz vor mir aus einer anderen Schleuse zu den Sternen hinausgeschwebt. Hoffentlich bestand auch sie den Test. Ich hatte ihr noch gut zugeredet und ihr ermutigend über die Wange gestrichen.

Die Stimme des Offiziers holte mich aus der Vergangenheit in die Gegenwart zurück, ich musste mich der Zukunft stellen. Ich stieß mich leicht von der Kante der Schleuse ab und zündete im Davonschweben mein Rückentriebwerk. Es trieb mich schnell von der Arche weg, hinein in die mit Sternen durchsetzte schwarze Unendlichkeit. Ich würde so weit von dem heimatlichen Schiff fortfliegen, bis ich es nicht mehr sehen konnte und mich in totaler Einsamkeit befand. Kontakt mit anderen Kadetten war nicht gestattet. Natürlich konnte ich im Notfall mit der Schiffsführung in Verbindung treten, und auch das dünne Kabel, das mich mit dem Schiff verband, gab mir Sicherheit.

Als ich meinen Zielpunkt erreicht hatte, stiegen in mir zwei Gefühle hoch und erfüllten mich schließlich vollständig. Ich fühlte mich unendlich winzig und nichtig angesichts des unermesslich weiten Alls, aber ich verspürte auch den wohltuenden Gedanken, dass ich ein Teil, und sei es ein winzig kleiner, dieses Kosmos war. In den alten Religionen der Erde gab es Vorstellungen von einem Eins-Sein mit dem Kosmos; das hatte mich erfasst. Ob wir wohl die einzigen vernunftbegabten Wesen im All waren? Gab es überhaupt irgendeine Art von Leben irgendwo in der Galaxis? Und wenn ja, wie mochte es aussehen? Langsam versiegten meine Gedanken. Für ungefähr zwei Minuten konnte ich dank meiner Meditationsübungen meine Gedanken zum Schweigen bringen. Mein Kopf leerte sich, ich schwebte stumm in der Stille des Alls.

Doch dann tauchten sie wieder auf, die Gedanken, erst in Form von Gedankensplittern, dann in Form einzelner Wörter. Insbesondere zwei Wörter wollten sich festsetzen:»Nirwana«, und kurz darauf»Himmel«. Warum setzten diese Wörter sich fest, wiederholten sich? Sie wurden immer lauter, weitere kamen hinzu: Engel, fliegen. Auf einmal wurde ich mir bewusst, dass ich diese Wörter akustisch wahrnahm, ich hörte sie. Und mir wurde klar, dass sie über das Kommunikationssystem meines Anzugs kamen.

Das war eigentlich unmöglich, jegliche Kommunikation mit anderen Personen hier draußen im All war uns streng untersagt. Sie war natürlich für den Notfall möglich, aber ich sah keinen Notfall. Plötzlich, als hätte ich eine Dunkelwolke durchstoßen, sah ich wie im hellen Licht einer Sonne, was geschehen war. Als ich die Worte hörte:»Ich schwebe im Nirwana, ich bin ein Engel, ich fliege in den Himmel, Gott, ich komme! Janti, sag allen, dass ich nicht in die Arche zurückkehre, ich folge dem Stern, den ich vor mir sehe, ich fliege in den Himmel, ich höre einen Ruf.«

Opas Worte schossen mir durch den Kopf: Velina hatte den Weltraum-Koller. Ich versuchte, sie zu beruhigen, ihr zuzureden, sie in die Wirklichkeit zurückzuholen, aber sie reagierte nicht auf meine drängenden Worte, sie verfiel in einen euphorischen Singsang und teilte mir wundervolle Visionen mit, Visionen von himmlischen Wesen, von paradiesischen Klängen und göttlichem Licht.

Ich versuchte, sie abzulenken, sie von ihrem Vorhaben abzubringen. Ich stellte ihr Fragen, ließ sie genau beschreiben, was sie zu sehen glaubte, wollte verhindern, dass sie ihr Sicherheitskabel kappte und ihren Raumanzug beschleunigte, um als Engel dem Stern und dem Ruf zu folgen.

Mit einem Notruf verständigte ich die Initiationszentrale, musste aber auch selbst etwas unternehmen, denn die Arche war viel weiter von Velina entfernt als ich, ich musste so schnell wie möglich zu ihr hin. Mein Anzug zeigte mir ihre Position und Entfernung an und ich beschleunigte stark in ihre Richtung. Bis zu ihr würde meine Energie reichen, dann musste uns ein Beiboot auffischen.

Eine Zeit lang hörte ich sie noch murmeln und singen, dann wurde ihre Stimme leiser, dann brach die Verbindung ab. Sie hatte wohl die Kommunikation abgeschaltet.

Als ich bei ihr ankam, berührte ich ihren Helm mit meinem, um dadurch die Übertragung von Schallwellen zu ermöglichen. Das war natürlich nur ein schlecht funktionierender Notbehelf, aber sie hörte mich, und durch das Visier ihres Anzugs sah ich ihre weit geöffneten Augen.

Sie erkannte mich, und undeutlich vernahm ich ihre Stimme »Du bist der Engel, der mich in den Himmel führt!« Ich musste ihr gut zureden und antwortete:»Ja, das bin ich und ich werde dich in den Himmel führen. Aber wir müssen langsam und sanft dorthin gleiten und werden dann von einem himmlischen Chor empfangen werden.« Sie nickte zufrieden und schloss die Augen.

Für den Fall, dass sie auf die Idee kommen sollte, fortzufliegen, um schneller den geträumten Himmel zu erreichen, sperrte ich mit dem manuellen Nothebel ihren Antrieb. Mit der Schilderung kosmisch-überidischer Visionen hielt ich sie ruhig und gaukelte ihr einen himmlischen Flug vor.

Nun hieß es warten. Nach einiger Zeit gewahrte ich einen kleinen Stern, der wuchs und wuchs und auf uns zuflog: das rettende Beiboot.

Zu Hause herrschte helle Aufregung. Der Vorfall hatte sich herumgesprochen und einen großen Wirbel verursacht. Velina wurde in eine Bordklinik gebracht und seelisch und körperlich ärztlich behandelt.

Der Initiationsrat erhielt meinen Bericht und bestätigte mir, dass ich richtig gehandelt hatte. Mein Großvater und ich strahlten wie eine Doppelsonne.

»Mein Junge, das hast du wirklich gut gemacht! Ich bin stolz auf dich. Ich weiß gar nicht, ob ich dir das zugetraut hätte, diese Doppelbelastung. Damit bist du ja wohl jetzt Kadett der Elite-Einheit?« Opas Gesicht verriet seinen Stolz.

Und ich strahlte vor Freude: »Allerdings, obwohl ich meine Mission ja abgebrochen habe. Aber den wichtigsten Teil habe ich absolviert und das zählt. Und besonders glücklich bin ich natürlich über die Auszeichnung, die mein Handeln mir eingebracht hat.«

»Was ist eigentlich mit deiner Freundin Velina? Ist sie wieder gesund? Was macht sie jetzt?«

»Ihr geht es wieder gut, aber den Dienst in der EE kann sie vergessen. Die Mission war für sie jedoch eine Klärung ihrer Vorstellungen und nun wird sie sich der Wiederverwertungstechnik an Bord zuwenden, um dort Fachtechnikerin zu werden. Dieses Gebiet hat sie schon immer beschäftigt.«

»Ihr bleibt doch zusammen, ihr beiden?« Opa verbarg seine Neugier nicht. »Entschuldige, dass ich frage, aber je älter ich werde, desto mehr schaue ich in die Zukunft.«

»Das verstehe ich doch, Opa, keine Sorge«, ich tätschelte seinen Oberarm. »Ich werde dich ein wenig auf dem Laufenden halten. Aber jetzt freue ich mich auf die nächste Etappe meines Weges im Kosmos!«

Die letzte Kreuzfahrt

Wie wohlig war es, sich vom sanften Schaukeln des Schiffes in den Schlaf und im Schlaf wiegen zu lassen! Sie klammerten sich aneinander und wollten sich am liebsten gar nicht mehr loslassen. Es war ihre dritte Kreuzfahrt und sie hatten eine Außenkabine mit Balkon gebucht. Die Balkontür stand offen und die Seeluft strich leicht über ihre Gesichter, und seine Hand massierte sacht ihren Rücken. Sie brummte behaglich.

Die frische Meeresluft und die erlebnisreichen Tage mit zum Teil abenteuerlichen Unternehmungen machten sie abends schnell müde, und sie strebten nach dem abwechslungsreichen Abendessen und einer unterhaltsamen Abendshow alsbald in Morpheus' und ihre eigenen Arme.

Sie waren dankbar für ihre neue, innige Zweisamkeit, denn das Schicksal war rüde mit ihnen umgesprungen. Beide hatten vor einiger Zeit ihre Partner verloren, Krebs war der heimtückische Diener seines unerbittlichen schwarzen Herrn, und dieser hatte auch sie schon an der Hand, aber doch bald wieder losgelassen. In einem Trauerkreis hatten die beiden sich getroffen und kennengelernt und waren nach einigen Jahren in einen »Ring aus Feuer« gefallen, der sie nicht mehr freigab. Jetzt stand ihnen der Sinn danach, noch möglichst viel von ihrem blauen Planeten zu sehen.

»Ach, Wolfgang«, hauchte sie ihm ins Ohr, »ich bin so froh, dass wir uns haben. Hat das Schicksal versucht, an uns etwas wieder gutzumachen? Ich hoffe, dass wir immer zusammenbleiben.«

»Natürlich, Gesine, das werden wir. Beide haben wir die Endlichkeit des Daseins erfahren, jetzt hoffen wir auf ein kleines Stück

Unendlichkeit.« Wolfgang deutete auf den Sternenhimmel: »Schau, da siehst du schon ein Stück von ihr!«

Still betrachteten sie den Sternenhimmel und versanken in seinem Anblick, dann sanken sie sich in die Arme und in den Schlaf.

Da Klima und Wetter es erlaubten, beendeten sie alle ihre Reisetage mit der Betrachtung des Sternenhimmels. Sie suchten die bekanntesten Sternbilder und fanden Spaß daran, die weniger bekannten mithilfe ihrer Smartphones zu erkennen. Bei ihren eigenen mussten sie lachen: Gesine, die Jungfrau, und Wolfgang, der Stier – sie meinten, es müsste umgekehrt sein. Sie forschten auch nach den Planeten und wollten insbesondere den Mars und die Venus aufspüren, aber das gelang ihnen nicht.

»Es langt, wenn du mein Stier bist!«, lachte Gesine ihren Wolfgang an.

»Dann bist du meine Europa!«, gab er verschmitzt zurück.

»Und wohin willst du mich tragen?«, wollte sie wissen. »Und jetzt sag nicht ›ins Bett‹, denn da sind wir schon!« Sie lächelte ihn an und strich ihm liebevoll über die Wange.

»Nein, Liebste, du bist mein Stern, und ich möchte dich zu den anderen Sternen da draußen tragen!«

Sie klammerte sich an ihn: »Du weißt, ich könnte es nicht ertragen, ein zweites Mal die Erfahrung der Endlichkeit des Seins zu machen, das würde ich nicht überleben. Wir müssen immer zusammenbleiben, hörst du!«

»Gesilein, mir geht es doch genauso! Wenn wir gehen, dann sollten wir gemeinsam gehen!« Er blickte nach oben: »Hast du das gehört, Schicksal? Schicke nicht wieder Schlimmes!« Er blickte sie an: »Ob das Schicksal Humor hat?«

Das schaukelnde Schiff schickte ihnen Schlaf.

Die Tage zogen sich hin, tags sahen sie viel von der Welt und nachts viel von der Weite des Alls. Sie hatten den Eindruck, dass die Zeit immer schneller verflog und dass der Anblick des Sternenhimmels sich allmählich veränderte.

»Du, Gesilein«, machte Wolfgang sie eines Nachts darauf aufmerksam, »ich kann unsere vertrauten Sternbilder gar nicht mehr ausmachen. Das ist doch sehr seltsam, ich muss morgen mal mit einem Offizier sprechen, ich verstehe das nicht.«

Aus dem Halbschlaf heraus murmelte sie: »Kann es nicht sein, dass wir den Äquator überquert haben? Auf der Südhalbkugel gibt es doch andere Sternbilder.«

»Nein, nein, von denen würde ich auch ein paar wiedererkennen, wenigstens das Kreuz des Südens.« Seine Stimme klang ein wenig ungeduldig. »Na ja, morgen werde ich dem mal nachgehen.« Er hauchte ihr einen Kuss auf die Stirn und folgte ihr in den Schlaf. Sternbilder und Sterne wirbelten wild durch seinen Traum.

Der folgende Tag sauste durch die Zeit und war wieder so voll von Eindrücken, dass er seinen Vorsatz vergaß.

Kaum blickte er nachts von dem Balkon aus auf den Himmel, wurde ihm schwindlig und er wandte sich mit stolpernder Stimme an seine Frau: »Gesine, guck mal, was ist denn das? Die Sterne spielen verrückt, sie tanzen und toben über den Himmel.«

Gesine blickte von ihrem Buch auf und versuchte, Wolfgang zu beruhigen: »Liebster, das war doch gestern schon ähnlich. Vielleicht spielen ja deine Sinne verrückt, wir sollten morgen mal den Bordarzt aufsuchen und …«

»Nein, komm und sieh selbst. Was geht da bloß vor?« Mit fuchtelnden Händen wies er auf den Himmel.

Gesine trat neben ihn. »Mein Gott!«, entfuhr es ihr, und sie klammerte sich an Wolfgang. »Was geschieht denn da?«

Wolfgang stand stumm, sein Herz konnte kaum den Takt halten.

Die Sterne beschleunigten sich, rasten auseinander in immer weitere Fernen. Galaxien tauchten auf, rotierten immer rasender, zerstreuten sich, wurden immer kleiner.

Sie schwebten im Universum, ein Licht nach dem anderen verlosch, das ganze Universum war ein einziges Grau.

»Was bedeutet das?«, flüsterte sie.

»Das ist das Ende des Universums, die Entropie, die Sterne sind ausgebrannt, daher ist alles grau. Wir sind zusammen in der Ewigkeit. Das Schicksal war gnädig.«

Das Grau wurde immer schwächer, und sie lösten sich allmählich auf.

Aus der Ewigkeit wuchs ein feiner goldener Strahl auf sie zu.

Weltraumliebe

Kennst du den Ort, wo fremde Sterne glühn,
in habitabler Zone Oasen des Lebens blühn?
Sternenwind sanft durch Atmosphären weht,
wo 's Wasser gibt und hoch der Felsen steht?
Kennst du ihn wohl? Dahin!
Dahin möcht' ich mit dir
in einem Raumschiff ziehen!

Kennst du das Sternenschiff? Die Säle unterm Dach,
Generationenschiff, jeder mit seinem Gemach,
für Autarkie wird dort alles getan,
man baut darin seine eigene Nahrung an.
Kennst du es wohl? Da drin,
darin möcht' ich mit dir
durch Weltraumweiten ziehen!

Kennst du durch Galaxien deinen Weg?
Durch Sternennebel, ohne festen Steg,
in Schwarzen Löchern lauert Todesglut,
manch Gammastrahlung und Gezeitenwut!
Doch kennst du den Weg? Dahin,
mit guter Navigation, im Computer und Sinn,
oh, Astronaut, lass uns dann ziehen …
… denn auf der Heimaterde ist alles hin …!

Rebecca Netzel
(Gastautorin)

Kind der Sterne

Ich bin ein Kind der Sterne
Von den Sternen komme ich und zu den Sternen werde ich gehen
Von ihnen stamme ich
Aus ihrer Materie bin ich geformt
Meine Atome, meine Moleküle, meine Gene stammen von ihnen
Die Bausteine, aus denen ich bestehe, sind die Bausteine von
allem, was ist
Meine Bausteine sind auch die Bausteine des Kosmos, der Gala-
xien, der Sterne, der Planeten, der Monde, aller Objekte, die das
All durchziehen, aller Gas- und Staubwolken
Meine Bausteine sind auch die Bausteine der leblosen Materie,
der Pflanzen und der Tiere
Alles ist eins seit dem Urknall, dem Beginn von Raum und Zeit,
von der Raumzeit
Der Kosmos ist mein und unser aller Zuhause
Die Gesetze des Kosmos sind auch unsere Gesetze
Alle Elemente, vom Wasserstoff bis zum Eisen sind Produkte der
Sterne
Sie werden von sterbenden Sternen explosionsartig ins Univer-
sum hinausgetragen
Alle Elemente werden in den großen Sternen erbrütet
Und ich bin ein Teil dieses Kosmos
Und der Kosmos ist unendlich
Und ich bin ein Teil der Unendlichkeit
Und der Kosmos ist ewig
Und ich bin ein Teil der Ewigkeit

Der Kosmos ist meine Heimat
In ihm bin ich aufgehoben und geborgen
Auch Gott ist ewig und unendlich
Bin ich ein Teil Gottes
Schaut sich das Universum durch unsere Augen selbst ins Antlitz
Sind wir für das Universum da
Ist unsere Existenz ein Produkt des Zufalls
Oder liegt es in der Logik des Universums
Ist das Universum für uns da, ist es anthrop
Geben wir ihm einen Sinn
Gibt es unserem Dasein einen Sinn
Wir tragen den Kopf oben, um in das Universum hineinzublicken
Sollen wir es füllen und besiedeln
Nicht taumelnd durch das All irren, wie die Dichterin meinte,
sondern mit Absicht und Plan
Gibt es dort Brüder und Schwestern von uns
Oder sind wir einsam
Wäre es nicht eine Verschwendung, wenn wir allein im All wär'n

Allein im All

Versuch über Außerirdische

Ein Essay

Schon immer haben sich die Menschen mit der Frage beschäftigt, ob es nicht Außerirdische gibt. Und sie haben bereits in der Antike und im Mittelalter viele Hinweise auf deren Existenz zu finden gemeint, Hinweise, die sie sich nicht erklären konnten, z. B. monumentale Bauten wie die Pyramiden oder die Statuen auf der Osterinsel, Höhlenzeichnungen, schriftliche Dokumente wie das Nürnberger Flugblatt von 1561 (ein Himmelsspektakel, in dem mehrere Objekte am Himmel miteinander gekämpft haben sollen), Himmelserscheinungen wie Ufos, u. a. m. Auch die griechische Philosophie kennt Außerirdische, und sogar Kant hielt Wesen auf fremden Planeten für möglich. Vielleicht haben ja Religionen mit Vorstellungen von Engeln die Bereitschaft, an außerirdische Wesen zu glauben, verstärkt. Die meisten Phänomene sind aufgeklärt und erklärt worden, über einige wird noch gerätselt.

Heute geht man mit modernen wissenschaftlichen Methoden an die Frage nach Leben und gar intelligentem Leben im All heran. Einig ist sich die Wissenschaft, dass die physikalischen und chemischen Gesetze im ganzen Universum gelten. Was die biologischen Gesetze angeht, so sind die Wissenschaftler dabei, die Antwort zu suchen. In diesem Zusammenhang stehen auch die Raumfahrt-Missionen zum Mars und einigen Monden des Jupiter und Saturn. Wenn man dort Spuren von (einfachem) Leben entdeckt, dann ist das wohl ein Hinweis darauf, dass Leben im ganzen Universum entstehen und existieren kann. Vielleicht bringt uns der Mars-Rover »Perseverance« ja einen Schritt weiter.

Ein weiterer Weg zur Klärung der Alien-Frage sind die Projekte SETI und METI. Die Mitarbeiter am Projekt Search for Extra-Terrestrial Intelligences halten Ausschau nach Phänomenen am Himmel, die nur durch das Wirken intelligenter Wesen entstehen könnten, wie z. B. regelmäßige akustische oder optische Erscheinungen. Die Mitarbeiter am Projekt Message to Extra-Terrestrial Intelligences versuchen, sich Außerirdischen durch regelmäßige akustische oder optische Zeichen bemerkbar zu machen und eventuell eine Antwort zu erhalten.

Was unsere Vorstellungen eines solchen Wesens angeht, so ähneln sie (natürlich) einer uns Menschen bekannten Gestalt, sei es einer menschlichen oder einer tierischen. Gerne ersinnt die SF z. B. Monster in uns bekannten Formen, um eine Spannung zu erzeugen. Man hat auch schon von intelligenten wolkenähnlichen Wesen erzählt. Es ist uns Menschen unmöglich, Formen zu ersinnen, die nicht aus unserem Erfahrungsschatz stammen. Im Gegenteil, die Wesen der Natur befeuern immer wieder unsere Fantasie. Es scheint jedoch sinnvoll zu sein, bei der literarischen Gestaltung eines Aliens auf die Biologie zu achten. So benötigt ein intelligentes Wesen ein oberstes Steuerungsorgan, also ein Gehirn, und zwar eines, das oben am Körper sitzt, des guten Überblicks wegen. Dazu braucht es ein Sprachorgan, um mit anderen zu kommunizieren, und Greiforgane wie unsere Hände, um Gedachtes auch gestalten zu können. Ein intelligentes Wesen herumlaufen zu lassen wie einen Hund, ist weder realistisch noch plausibel. Gibt es Außerirdische, so können sie uns sehr ähnlich sein, uns unterlegen oder uns überlegen. Alle diese Vorstellungen werden in der SF durchgespielt. In A. C. Clarks *Childhood's End* erscheinen Außerirdische, die in ihrer Gestalt unserer Vorstellung des Teufels ähnlich sehen, und verhelfen den Menschen auf eine höhere Entwicklungsstufe. In einer anderen Geschichte kommt ein humanoider Außerirdischer auf die Erde und droht den Menschen ihre Vernichtung an wegen ihrer unbeherrschten Aggressivität. Der Außerirdische nimmt davon Abstand, als eine Frau und Mutter ihn aufmerksam macht auf die kulturellen und sozialen Leistungen der Menschen. Ansonsten schildert die SF im All Kämpfe, Eroberungen, Kolonialisierungen – wie in unserer Geschichte.

Die Existenz oder Nicht-Existenz von intelligenten Wesen im All beeinflusst unser Bewusstsein und unser Selbstbildnis. Gibt es Außerirdische, warum haben sie sich dann noch nicht gemeldet? Ist und bleibt die Lichtgeschwindigkeit die oberste Grenze aller Kommunikation? Sind vielleicht Nachrichten unterwegs zu uns? Waren Aliens gar schon hier? – die UFOS lassen grüßen. Aber warum sind sie nicht mit uns in Verbindung getreten? Gibt es eine Vielfalt von Leben im All, ähnlich dem vielfältigen Leben auf der Erde? Gibt es Aliens, so sind sie wohl stark mit uns verwandt, eine kosmische Verwandtschaft, da alles, was existiert, aus dem gleichen Material besteht wie die Sterne. Vielleicht gibt es ja Aliens, aber wir werden nie in Kontakt kommen, außer womöglich nur in einen optischen, der sich über Jahre, Jahrzehnte oder gar Jahrhunderte hinzieht.

Und wenn es keine anderen Intelligenzen im Kosmos gibt? Ist das vorstellbar? Ein unendliches All, und wir wären die einzigen intelligenten Wesen darin? Wir, von denen die alten Griechen meinten, es gäbe viele Ungeheuer auf der Erde und die schlimmsten wären die Menschen!? Wir, von denen Mark Twain sagt: »Gott hat den Menschen erschaffen, da er vom Affen enttäuscht war. Danach hat er auf weitere Experimente verzichtet.« Wir – bleiben wir in einem kleineren Maßstab – allein in der Galaxis? Die kleine Tochter eines Astronomen in einem SF-Film kommentierte diese Annahme mit den Worten: »Was für eine Verschwendung!« Wie würde sich ein Gefühl kosmischen Ausgesetztseins und kosmischer Einsamkeit auf die Menschheit auswirken? Und wenn wir alleine wären, wäre es dann vielleicht unsere Aufgabe, die Galaxis zu bevölkern? Eine »Panspermie« (Verbreitung des Lebens in der Galaxis), die von uns ausgeht – vorausgesetzt, wir hätten die technischen Mittel dazu? Mancher Technik-Philosoph sieht das so. Die Neugier, unsere Welt kennenzulernen und zu erobern, haben wir ja. »Macht euch die Erde untertan« bekommt eine neue Dimension in der Zeit, in der wir anfangen, das Sonnensystem zu erobern, auch um eventuell nötigen neuen Lebensraum zu erschließen und die Existenz der Menschheit zu sichern. Von Elon Musk, dem Gründer des schnell wachsenden privaten Raumfahrt-Unternehmens SpaceX, stammt der Satz: »Entweder wir bleiben für immer auf der Erde und sterben aus, oder wir werden zu einer raumfahrenden Zivilisation und leben auf vielen Planeten.« Und der verstorbene britische Wissenschaftler Stephen Hawking meinte: »Wenn wir uns im Weltraum ausbreiten und dort Kolonien gründen, sollte unsere Zukunft sicher sein.«

Welche Rolle werden die Religionen spielen? Können sich das kleine biblische »Welt«-Bild und das moderne Bild eines unendlichen Kosmos decken? Gibt es auch in diesem Kosmos einen »allwissenden« Gott?

Man stelle sich vor: Wir haben gut 5000 Jahre Geschichte hinter uns, was wird in den nächsten 5000 Jahren geschehen? Milliarden von Menschen auf ewige Zeiten allein nur auf einem Planeten? Lockdown für die Menschheit auf dem Erdball? Was geschieht mit zu vielen Ratten auf einem engen Raum?

Wir können und müssen unsere Zukunft gestalten.

Die kürzeste SF-Geschichte der Welt:

»Der letzte Mann auf Erden saß allein saß allein in seinem Zimmer. Da klopfte es an der Tür …«

(F. Brown)

Der Illustrator

Michael Böhme, geb. 1943 in Chemnitz, lebt und arbeitet in Konstanz am Bodensee.

Die Kindheit erlebte Böhme in Chemnitz und Plauen. Nach der Flucht seiner Familie aus der DDR verbrachte er die Jugendzeit in Kassel, studierte Jura in Marburg und war bis zu seiner Pensionierung in Konstanz als Richter und Staatsanwalt tätig. Für die Malerei interessierte sich Böhme seit seiner frühen Kindheit. Sein intensives Studium fand fachkundige Begleitung und Förderung durch Hasso Bruse von der Staatlichen Akademie der Bildenden Künste Stuttgart. Einer breiteren Öffentlichkeit wurde er 1995 durch seine Teilnahme an der ersten Kunstausstellung im All auf der MIR-Weltraumstation bekannt. 2003 verglühten zwei Drucke von Arbeiten des international bekannten Space Art-Künstlers und Symbolisten beim Absturz der Raumfähre Columbia.

Die Hauptthemen seiner Malerei sind symbolische Darstellungen von menschlichen Gefühlen und Erlebnissen einerseits und andererseits die Auseinandersetzung mit unserer bedrohten Umwelt. Wesentliche Themen seines künstlerischen Schaffens sind auch das Universum und die Poesie der Landschaft. Seine Werke werden in privaten und öffentlichen Kunstsammlungen, sowie in internationalen Ausstellungen und Publikationen gezeigt. Böhme ist Mitglied des Kunstvereins Konstanz, der Künstlergilde Esslingen und der Inter Art Stuttgart, außerdem einziges deutsches gewähltes »Fellow Member« (»vorbildhafter Interpret der Space Art«) der International Association of Astronomical Artists (IAAA).

Die Erforschung außerirdischen Lebens, dem derzeit auch wichtige Forschungsprojekte gewidmet sind, verfolgt Böhme mit besonderem Interesse. Viele seiner Bilder sind dieser Erforschung gewidmet und haben internationale Beachtung gefunden.

(Quelle: www.michael-boehme.com)

Ebenfalls bei TRIGA – Der Verlag erschienen